宇宙大发现

太空

太空旅行，科学幻想，人类，宇宙……
你需要了解的一切，尽在本书中！

［美］尼尔·德格拉斯·泰森／著
沈瑞欣／译

长江出版传媒｜长江文艺出版社

图书在版编目（CIP）数据

宇宙大发现. 太空 / （美）尼尔·德格拉斯·泰森著 ；
沈瑞欣译. -- 武汉 : 长江文艺出版社, 2022.3
ISBN 978-7-5702-2495-1

Ⅰ. ①宇… Ⅱ. ①尼… ②沈… Ⅲ. ①宇宙学—普及
读物 Ⅳ. ①P159-49

中国版本图书馆 CIP 数据核字(2022)第 024167 号

Star Talk: Everything You Ever Needed to Know About Space Travel, Sci-Fi, the Human Race, the Universe, and Beyond
Copyright @ (*2016*) National Geographic Partners, LLC. All Rights Reserved
Copyright @ (*2022*) （*宇宙大发现: 太空*）National Geographic Partners, LLC.
All Rights Reserved

宇宙大发现. 太空
YUZHOU DAFAXIAN TAIKONG

图书策划：陈俊帆
责任编辑：黄柳依　王天然　　责任校对：毛季慧
设计制作：格林图书　　责任印制：邱　莉　胡丽平

出版：长江出版传媒 | 长江文艺出版社
地址：武汉市雄楚大街 268 号　　邮编：430070
发行：长江文艺出版社
http://www.cjlap.com
印刷：湖北新华印务有限公司

开本：889 毫米×1194 毫米　1/16　印张：4.75
版次：2022 年 3 月第 1 版　　2022 年 3 月第 1 次印刷
字数：73 千字

定价：39.20 元

版权所有，盗版必究（举报电话：027—87679308　87679310）
（图书出现印装问题，本社负责调换）

CONTENTS

有时，在阳光明媚的白天或者漆黑的夜晚，我们都会感到困惑：在我们看不见的地方，到底有些什么？在“地球友好区域”之外，整个宇宙都在等待我们去探索。不过，再等一等！在我们动身之前，还需要做好知识储备。我们得知道怎么去那里，我们的身体和思想会踏上怎样的旅程，到达时会发生什么。再说，我们还想玩得开心，不是吗？我们的目标可不只是要活下来；我们想来趟“有范儿”的旅行！毕竟，谁知道我们会不会在路上遇到什么人……

“火星是地质学家梦寐以求的地方，不过，哪怕你只是一个游客，火星也会让你感到惊艳。如果我站在火星上，我不但会往脚下看，还会往天上看，然后拍下地球在火星天空中的样子。”

——尼尔·德格拉斯·泰森博士，天体物理学家

第一节

去太空旅行需要带些什么？

在太空舱里待三年？对我们大多数人来说，在车里坐上三个小时都是活受罪！不过，为了去火星，我们非这么做不可。这颗红色的星球是我们在星系里的邻居。要想到那里去，我们还必须带上许多东西。当然，火星上可能有人类需要的一些东西：在地底下，广阔的冰冻海洋也许能提供水；矿产资源也许能提供一些用来建筑房屋和种植的原材料。那么，有什么东西是我们需要而火星上没有的呢？当然啦，火星并不是我们唯一的目的地。去太空旅行的话，我们需要带些什么？说真的，我们现在打包的东西，可是为后世的人们准备的，他们住在太空里，离我们熟悉的近地轨道区远远的。人类住在太空里，这能实现吗？进入二十一世纪以来，在地球外的近地轨道内，在国际航天飞机这样的宇宙飞船上，宇航员们一直在这样做。多亏他们辛勤工作、无私奉献，我们才掌握了大量信息，才能了解住在太空里是什么感觉，去那里需要带些什么。

现在，这颗红色星球的表面还很贫瘠、荒凉。

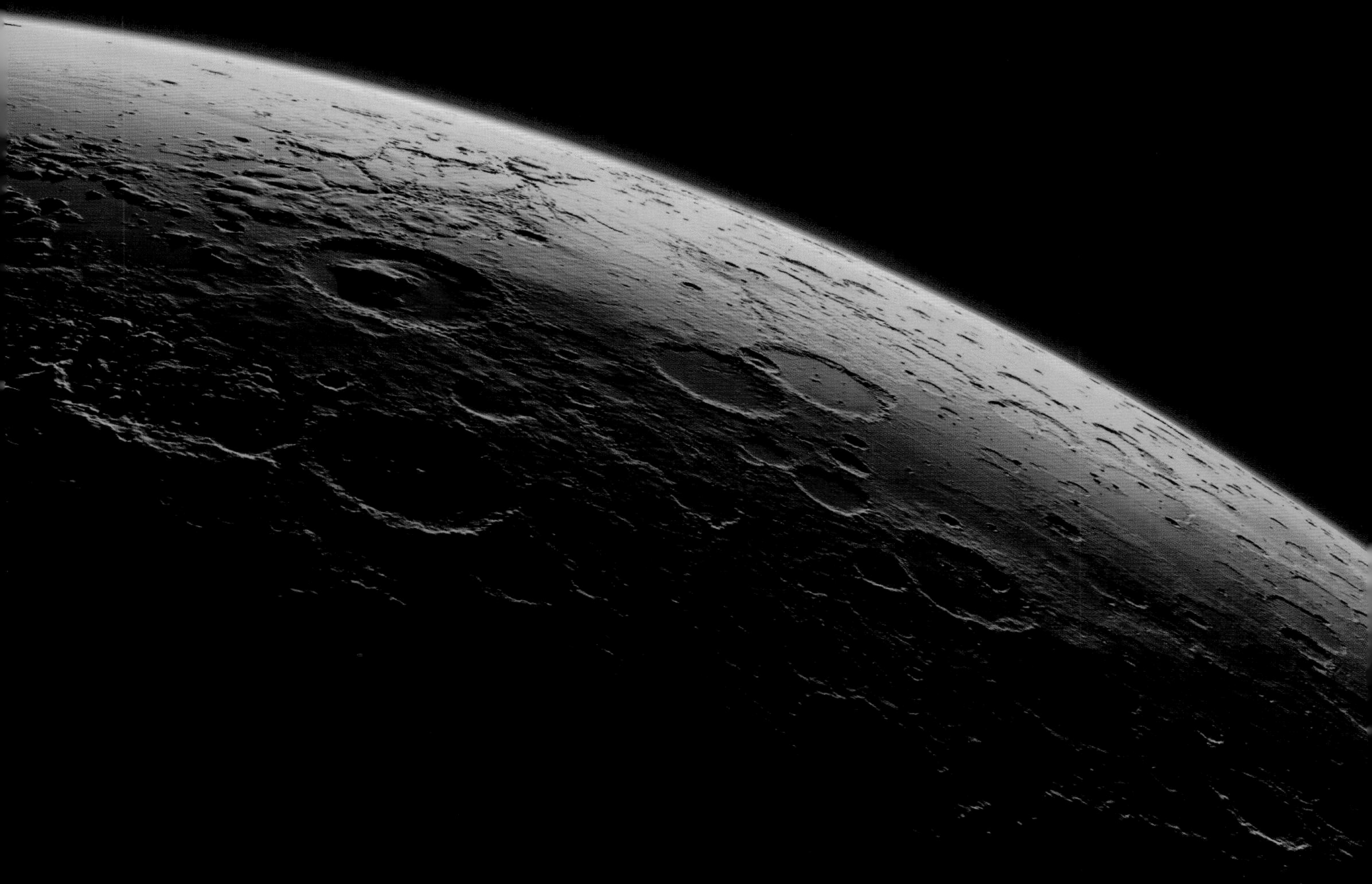

几十年来，宇航员的逃生服一直是鲜橙色。当发生紧急情况时，这种抢眼的颜色很容易辨认。

向太空进发

宇航员会长高吗？

2011 年 7 月 21 日，美国的载人航天时代结束了。当时，最后一次航天飞机任务（亚特兰蒂斯号 STS-135 次任务）结束了，航天飞机和全体宇航员——克里斯托弗·弗格森机长、道格拉斯·赫利上校、雷克斯·沃尔海姆上校和桑德拉·霍尔·马格努斯——在佛罗里达州的肯尼迪航天中心着陆。

截至亚特兰蒂斯号着陆，宇航员们共记录了 11 次太空飞行，并且在太空待了超过 262 天。不过，就算把这些航天经验都加起来，也不会有执行火星任务时那么丰富。每个去火星的人获得的航天经验，差不多会是这些宇航员的 4 倍。

在太空中，宇航员们的身体发生了什么变化呢？首先，他们 4 个人总共长高了大约 8 英寸！

▸ **长高** 在太空中，宇航员们的骨头没有被重力往下拉，因此，他们可以逐渐长高 3%——对大多数宇航员来说，这一高度接近 2 英寸。在零重力环境中，宇航员们的血液也更容易从脚流到头顶，所以他们的脸看起来有些浮肿。

▸ **长高的坏处** 不过，长高了这么多，可是要付出代价的。地球上的 90 岁老人饱受骨质疏松之苦，而零重力环境中的宇航员，他们骨骼密度降低的速度竟然是 90 岁老人的 10 倍。经过几个月的太空旅行，他们的骨头变得很脆，轻轻摔一跤就能让他们骨折。他们的肌肉力量也会显著变弱。

“一旦重力再次击中你，你会一下子支撑不住倒下。你站起来——嚯。重力是一种无处不在的力量。”

——桑德拉·霍尔·马格努斯博士、执行 STS-135 次任务的专家

打包去火星

谁会成为执行火星任务的理想候选人？

对于太空任务来说，每个人都很珍贵。这些宇航员掌握的技能越多，兴趣范围越广，任务成功的可能性就越大。我们应该把艺术家和诗人送上太空吗？我们已经做到了！他们恰好既是训练有素的科学家、工程师、飞行员和技术人员，又是出色的作家和演说家——虽然，他们中的大多数人对此表现得很谦虚。相信在不久的将来，像乔诗·葛洛班这样怀揣着太空梦的音乐家也会收拾行装，踏上逃离地球的旅程。

> “小时候，宇航服是我最喜欢的服装。每天，我都会把宇航服穿上一整天。我不是来自地球的乔诗·葛洛班……我会说：‘我是来自另一个星球的乔。’”
>
> ——乔诗·葛洛班，音乐家

最优秀的宇航员必须能适应待在狭小的空间里，和固定的几个人一起生活很长一段时间，那么，他得具备哪些素质呢？《打包去火星》的作者玛丽·罗奇说过这样一些话，传达了文化方面的刻板印象：“总的来说，日本人是优秀的宇航员。这么说的原因有很多，他们体重比较轻，习惯待在小房子里，私人空间也不多，而且，他们从小就被教导要彬彬有礼，而不是咄咄逼人、气势汹汹——当然啦，我在这里说的是大多数情况。”

你知道吗

克里斯·哈德菲尔德既是宇航员，也是音乐家。他发行了自己在国际空间站录制的专辑《太空时光：铁罐之歌》。2015 年，这张专辑冲上了加拿大音乐排行榜第 10 位。

几百个人到过太空，我们什么时候也去那儿呢？

自20世纪70年代以来，在太空问题上，我们人类一直在走回头路。40多年来，我们（其实是我们中的几百人）也只到达了近地轨道那么远，这不过是地球和月亮之间距离的百分之一。现在，我们当然都急着去火星，而火星离我们比月球还要远几百倍。不过，在去火星的旅途中，大部分时候，我们都会像生活在近地轨道上一样——我们必须待在宇宙飞船里，整个身心都在对付隔离、限制、辐射、微重力，等等。要想前往这颗红色星球，我们需要足够的资金和专业的技术。好在宇航员们在国际空间站的经验为我们的火星之旅提供了最宝贵的数据。照目前科技发展的速度，大约25年内，我们人类就能去火星。如果是这样，执行第一次火星任务的宇航员现在可能还没有高中毕业。所以，开始计划吧，孩子们！

“我们在空间站学到了很多东西，比如怎样在那里生存两年半——这是个典型任务……今天我们在空间站学到了东西，以后我们在执行任务时就有望取得成功。”

——执行STS-135次任务的宇航员

美国宇航员布鲁斯·麦克坎德雷斯进行太空行走时，看到了震撼人心的景象。

“水星计划”的宇航服。

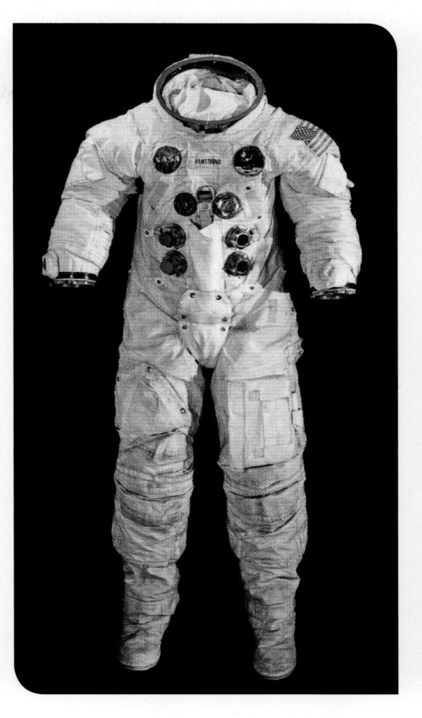

执行“阿波罗任务”时穿的服装。

在国际空间站进行舱外活动时穿的服装。

2015年旧金山喜剧节现场

探索太阳系时该穿些什么？

要是你坚持去探索太阳系，你可得保持活力，调整好状态——你在太空行动的时候，也希望自己看起来容光焕发吧。美国宇航局有个太阳系探索研究虚拟研究所，可以帮得上忙。这个研究所致力于探索作为地球卫星的月球、近地小行星和火星的两个卫星。这些目的地中的每一个，都会给探索者带来一些挑战。例如，大多数小行星的引力都很小，你只要跑上几步就会离开地面，飘向太空。所以，你的宇航服需要有这么个功能，让你能待在地面上。你还容易受到等离子体放电的影响，因此，你的宇航服需要由足够的金属制成，这样能保护你免受小行星闪电的伤害。

宇航服手套不会影响手指活动。

“待在地球上吧。在地球上，你能长命百岁。”

——尼尔·德格拉斯·泰森

我们是不是飘浮在铁罐里?

一百多年来，科学家和工程师们一直在构想和设计空间站——真正的空间站，而不是虚构的环形世界和死星。不过，直到近五十年，他们才把设想付诸实践。

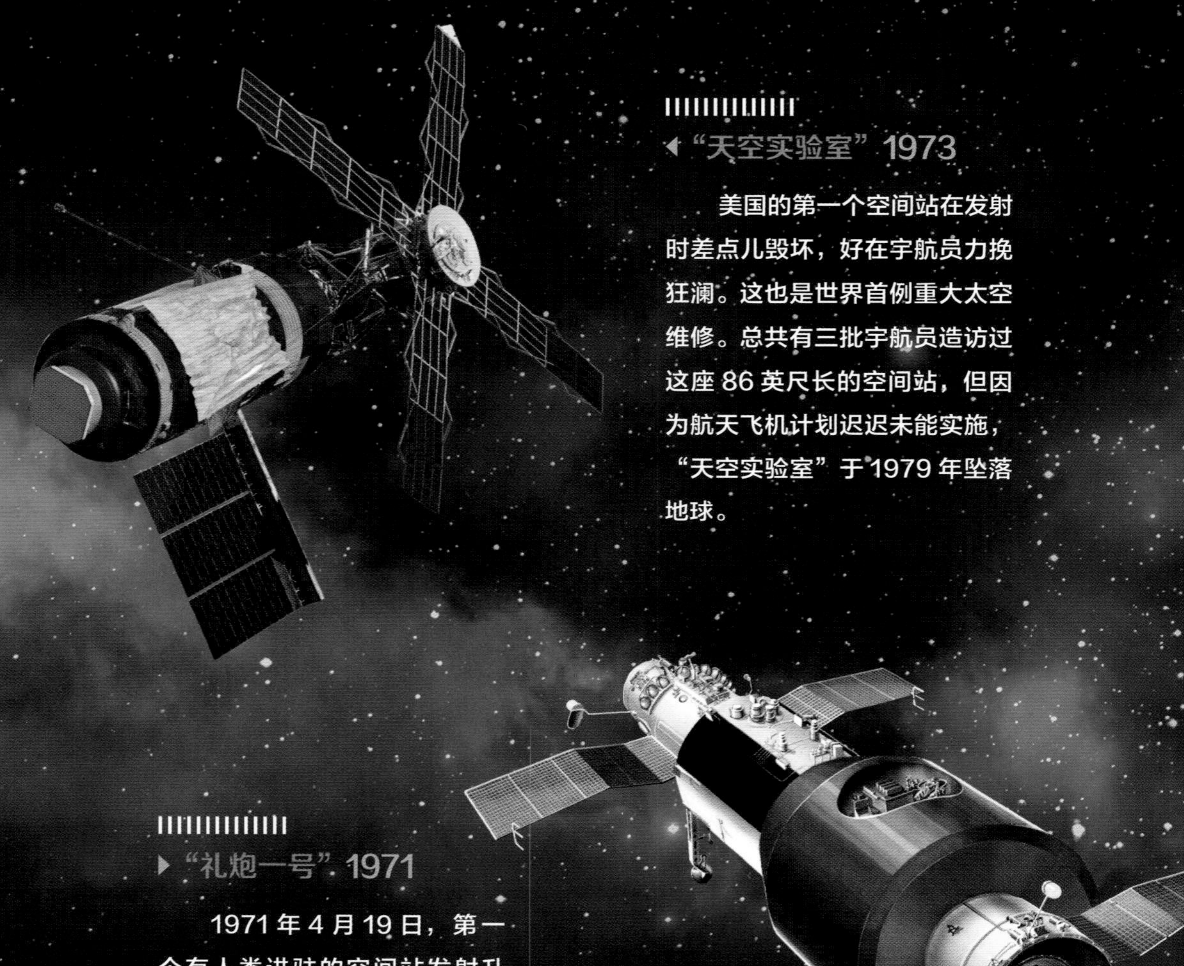

◀“天空实验室”1973

美国的第一个空间站在发射时差点儿毁坏，好在宇航员力挽狂澜。这也是世界首例重大太空维修。总共有三批宇航员造访过这座 86 英尺长的空间站，但因为航天飞机计划迟迟未能实施，“天空实验室”于 1979 年坠落地球。

▶“礼炮一号”1971

1971 年 4 月 19 日，第一个有人类进驻的空间站发射升空。三位苏联宇航员在空间站停留了 23 天，但不幸的是，在返回地球的途中，飞船漏气了，他们因急性缺氧身亡。“礼炮一号”在发射 6 个月后脱离了轨道。

“和平号”1986

1986 年，苏联发射了一个和天空实验室差不多规模的空间站——“和平号”。“和平号”在苏联解体后仍得以幸存。它运行了 15 年，其间共有 125 人造访。2001 年 3 月 23 日，“和平号”脱离了轨道。

“天宫一号”2011

2012 年和 2013 年，中国建设的第一个空间站接待了两批访客。这是一系列空间站中的第一个。2020 年，中国计划发射一个大型空间站，和国际空间站的模式差不多。

国际空间站 1998

随着全球合作深化，太空预算缩减，国际空间站应运而生。五家宇航机构共同运营这个空间站。自 2000 年 11 月以来，它一直是宇航员们（包括世界首批太空游客）居住的地方。

尼尔要怎么去火星?

迁居火星的梦想离现实越来越近，有些人跃跃欲试，另一些人却说："不可能。"尼尔的态度是怎样的呢？只要能够全家一起展开冒险，尼尔都愿意接受挑战。

请再让我们感受地球有多棒。

——约翰·奥利弗，演员、喜剧人

"如果可能，我要带家人一起去，再搞到一个社交账号，带上一些书，"支持定居太空的尼尔提议说，"我的妻子受过良好教育。我俩可以一起对孩子们进行家庭教育，教给他们有关太空和宇宙飞船的知识，所以这就等于一次家庭旅行。我完全做得到。"

和所有志在飞跃、想要去往未知的处女地的先驱者一样，尼尔会把自己在地球的摊子收了，把一家人都打包塞进去火星的飞船，然后一起发射升空。不过喜剧人尤金·米尔曼说得好："去是能去，但你家孩子会抓狂的！"

啊，迁居火星在人们心中，并不都是像《草原上的小木屋》那样的乌托邦幻想。不管是在旅途中，还是到达后，迁居者往往都会经历困难、忧虑和极大的危险，对孩子来说尤其如此，然而，以往这类经验——像从欧洲移民美洲，或者去美国西部定居——被浪漫化了，迁居的负面影响被掩盖了。

尼尔讨论了未来宇宙中的火星居民区——他能参与其中吗？

月球漫步者、专业的火星活动家巴兹·奥尔德林在英国的巨石阵。

在市政厅 对话巴兹·奥尔德林

巴兹·奥尔德林会怎样移民火星？

巴兹·奥尔德林博士撰写了大量有关太空旅行、探索和移民的虚构、非虚构作品，包括《火星任务》（2013）。他提出计划，要建立一个航天器系统。这个系统将在地球和火星间的轨道上来回移动，以便把人类和必需品运送到火星，并在 20 到 30 年内建成居民区。首先，他认为火卫一（火星的两个卫星中较大的一个）应该是自由机器人建造的。他还认为，有了充分的资源保障，这些计划在技术上是可行的。

也许更重要的是，巴兹为何想移民火星。出于同样的原因，他在 1969 年登上了月球。而移民火星将成为人类的又一次巨大飞跃。

在火星大气层盘旋的水冰云。

“在所有地球人中，他们会成为大家印象最深刻、谈论最多的。因为他们敢为人先，把没有人做过的事情付诸实践。”

——巴兹·奥尔德林博士，宇航员

1966 年，宇航员们在水池中训练，身边是“阿波罗”号宇宙飞船的模型。

太空社交媒体对话克里斯·哈德菲尔德

你为什么会成为宇航员?

在成为宇航员之前，尼尔·阿姆斯特朗和巴兹·奥尔德林都是军事飞行员。而他们下一代的两位宇航员，克里斯·哈德菲尔德上校和迈克·马西米诺博士却有着不同的人生轨迹。

克里斯·哈德菲尔德上校小时候就立志要当宇航员：“我仰望着我的英雄们——尼尔、巴兹和迈克·科林斯……宇航员们在太空中航行，所以我也学会了在太空中航行。不管怎么说，成为宇航员的概率太低了，所以，我曾经想干点儿别的，干点儿会让我觉得有趣的事情。”

“看到巴兹·奥尔德林行走在月球上，我也梦想成为一名宇航员……”马西米诺博士说，“我一离开大学，就认定那是我想要尝试的事。我去读了研，拿到了博士学位……还在读研的时候，我就开始申请当宇航员了。”

所有的宇航员都经过了多年的体能和心理训练。不过，宇航员队伍之所以这么多元化，宇航员们之所以这么能干、坚强，还是因为他们对太空的向往，以及他们踏上航空之路的方式。

“有的事好像有些疯狂，但做起来倒的确能激发人们的灵感，这真有意思。登月可谓疯狂之举——这正是它的魅力所在。而绕着火星转也没多大意义——因此，这件事具有某种内在的启发性……揭示了美国的立国之本：无论何时，对别人来说几乎毫无意义的事情，我们都会放手去做。”

——约翰·奥利弗，演员、喜剧人

国际空间站：太空时代的一座大教堂

国际空间站里是什么样子的？

“头一回去太空，你会感觉有些奇怪——这并不是身体惯常的感受。但你的内耳很快就会适应这种情况，具体时间因人而异。我自己是马上就适应了，适应零重力状态对我来说也只是小菜一碟。”

香农·沃克博士也是位宇航员，曾作为第 25 支远征队队员登上国际空间站。她分享了自己此次远征的经验：“在零重力环境里，你可做的事太多了。当然，有很多好玩的事，像拿自己的食物玩，弄出一些小泡泡，让它们飘得到处都是……当然，我们得把所有这些东西都清理干净。现实是我们得保持空间站的整洁，所以，我们必须平复一下自己激动的心情。”

“每当条件允许的时候，我常常望向窗外。不过，地面团队让我们一直保持着非常忙碌的状态，所以我们并没有太多时间往窗外看。”

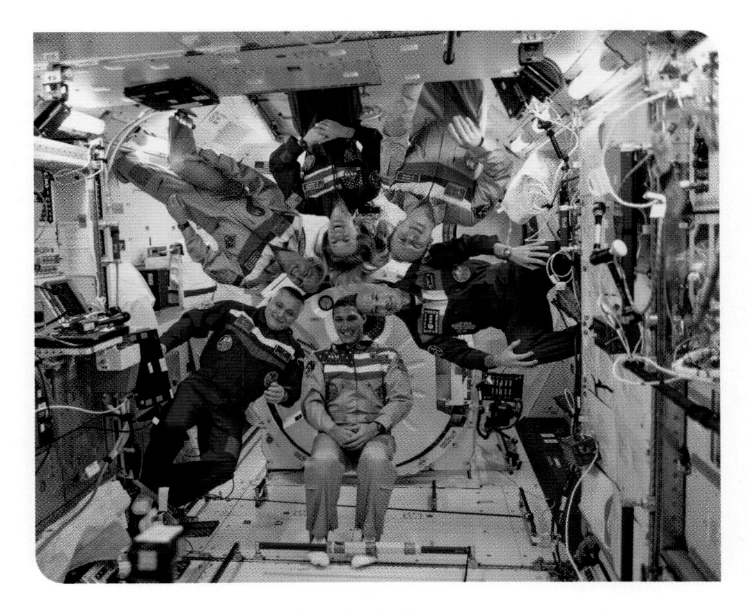

国际空间站零重力状态下的宇航员。

导览

在太空里怎么上厕所？

在太空里，哪怕是普通的活动，也像是一场冒险。在“阿波罗”计划的年代，宇航员们都在塑料袋里排泄。这些塑料袋或者围在他们的胯部，或者固定在他们的臀部。现在他们有了抽力马桶，可以把排泄物冲走。在国际空间站里，尿液被净化为饮用水；粪便被存放在容器里，等累积到一定数量，宇航员们就把它们从空间站里发射出去，让它们在地球大气层燃烧掉。（也许，你昨天夜里看见的那颗流星，实际上是燃烧的粪便！）

“在太空里用马桶，找准靠近的角度很重要……就像把船开进港口。”

——玛丽·罗奇，《打包去火星》作者

“阿波罗 11 号”对人类来说意味着什么?

要是你的家人保留过一份 20 世纪的剪报，那可能正是 1969 年 7 月 21 日《纽约时报》标志性的头版，头条写着“人类在月球漫步”。而在这前一天，全球大约有 5 亿人见证了尼尔 · 阿姆斯特朗说出那句名言：“这是我个人的一小步，却是全人类的一大步。”苏联在冷战时期是美国的死对头，但就连苏联的重要报纸《真理报》的头版也登载了这条新闻——虽然只是在头版略有提及，具体的内容转接到后面第五版。无论未来我们会遨游何方，登月将永远是一座历史的里程碑：人类在不属于自己的世界上行走，这还是头一遭。

“从现在往后数 500 年，这将是他们关于二十世纪的唯一的记忆。”

——罗尼 · 瓦尔特 · 康尼翰上校，“阿波罗 7 号”登月舱驾驶员

“靠近月球，从月球的阴影里飞过，这时，月球遮住了太阳，我们就可以看到月球周围的日冕……从蓝灰两色的三维视图中，我们可以看到环形山、山谷和平原，它们看起来非常壮观……让人移不开视线，可惜相机拍不出这种效果。不过，这般景象用肉眼来看，实在是太奇妙了。这是最难忘的记忆。”

——尼尔 · 阿姆斯特朗，“阿波罗 11 号”指挥官

“我的家人把餐桌拖到了客厅里，这样我们就能看到电视里的登月行动，看到阿姆斯特朗在月球上漫步。我的父亲是意大利南部的移民，这是我头一回看到他……哭。”

——卡罗琳 · 波尔科博士，行星科学家

“‘轻轻接触。关闭引擎。’我们登上月球了……行动为日后的每一次探索打开了大门。如果没能这次行动，其他的探索也就与我们无缘了。”

——巴兹·奥尔德林博士，“阿波罗 11 号”登月舱驾驶员

“我当时就在发射现场。那天清早，他们三人从我身旁经过，走出操作大楼，踏上了月球之旅，没有什么比见证这一幕更震撼了。这就像看着哥伦布驶出港口，扬帆远航。”

——约翰·罗格斯顿博士

“那次登月，我记得很清楚，我记得他们在下降，等最终着陆时，燃料已经差不多用完了。当时的情况真的是特别危急，我们不知道他们是会成功着陆，还是会被迫中止登月计划。”

“在尼尔（阿姆斯特朗）登上月球的时候，我正坐在车子的引擎盖上，收听汽车广播。我身边有个女孩，月球上发生的事情并不是我最主要的关注点……我要说的是：月球上发生的事情，我记得一清二楚。”

“执行火星任务，一去一回总共需要三四年，所以，火星上的菜园才是你真正想要建的。不妨建一个生命舱，如果你爱吃肉，你就可以养猪和牛，如果你是素食主义者，你就可以种芹菜和胡萝卜，然后你知道的，一切都如你所愿。”

——尼尔·德格拉斯·泰森博士，“太空农夫”

第二节

在太空里吃什么？

从我们最早的原始人祖先崛起到今天，人类在地球上进化发展了数百万年。我们所有的食物也是如此——还有所有那些把我们当作食物、自己也碰巧成为我们食物的生物。的确，每位宇航员都是一艘“宇宙飞船”——几万亿微型生命体吃喝、繁衍的家园。在地球环境里，我们的消化系统可以正常工作，那么，当消化系统跟着我们一起到了太空，又会发生些什么呢？

有许多大大小小的因素，是我们必须考虑的。例如，你在太空中喝苏打水，那里却没有重力让你胃里的气体和液体分离，这个时候，你觉得会出现什么情况呢？（提示一下：在太空里打嗝，涌出来的可不是气体。）

因此，太空里的美食家们，把你们的高压锅放在一边，穿上加压宇航服吧。我们将为这次地球之外的旅行找到最佳菜单，从开胃菜一直到餐后甜点。

要为太空里的宇航员提供食物，需要对烹饪有极大的创造力——但这谈不上是饮食艺术。

宇宙美食

太空里为什么吃不到手撕猪肉三明治？

宇航员可以请求提供他们喜欢的菜肴，但是美国宇航局必须对这些菜肴进行测试。例如，桑尼·卡特上尉想吃佐治亚州的手撕猪肉，但这道菜没能通过测试。当然，尼尔有些担心："我感觉烧烤类的东西应该都不行……你有没有提醒过他，他正在吃的手撕猪肉里有多少微生物？"美国宇航局的食品科学家查尔斯·布兰德回答："他好像不关心这些。他都吃手撕猪肉吃了一辈子了。"

对烤肉爱好者来说，在太空里将就着吃冻干肉真是太难受了。

能成为一名优秀宇航员的，并不总是最聪明的人。真正重要的是个性。你需要具备长期与某人同住的能力——你要在狭小的空间里待上许多年，所以你得沉着冷静，容易相处。

太空里的食物必须非常干净。许多有名的食物（特别是肉类），哪怕完全煮熟，里面也有活的微生物。要是在地球上，这些微生物没有坏处，但在宇宙飞船的环境里，它们却不受欢迎，甚至还很危险。

不过，肉类还是出现在了太空。1965年，宇航员约翰·杨偷偷把一块咸牛肉三明治带上了"双子星3号"。到了1989年，经过冻干处理的烤猪肉出现在了航天飞机的菜单上。

玛丽·罗奇：
我尝过保质期7年的薯饼。
尼尔：
味道如何？
玛丽·罗奇：
嗯……

最好的太空食物应该富含水分——它需要粘在盘子和叉子上。"如果食物有水分，表面张力就能让它粘在餐具上，只要保证这个条件，大多数食物在太空里也能吃进嘴巴……但是它必须有水分，"布兰德博士解释说，"要是你打开一袋花生，它们全都会飘走的。"

想一想 ▸ 你记得带辣酱吗？

在低气压的干燥环境（例如空间站）中，人类的味蕾和鼻子会变得有点迟钝，觉得食物寡淡无味，也闻不到食物的香气。厨师、电视节目主持人安东尼·波登对此非常了解："很显然，要是你藏着一些辣酱，那你就是外太空的大哥啦！他们可想要调味品了。"你得确保自己的辣酱没有细菌。许多辣酱都经过了发酵，里面全是微生物——这在太空里可万万不行。

你知道吗

韩国的食品科学家经过几年研究，投入了数百万美元的经费，终于研制出一种可以在太空食用的泡菜（发酵辣白菜），供宇航员高山带到国际空间站。

宇宙之问：太空之旅

谁想乘坐“呕吐彗星”？

好好享用你在太空里的食物吧，不过，祝你好运，能让它们待在肚子里。你不妨告诉尼尔“我进了一台离心机，然后把午餐全吐了出来”，问问他该怎么办。说到在太空里用餐，宇航员迈克·马西米诺博士可是专家，他又有什么经验之谈？“我从没在离心机上呕吐过。那也太弱了……我说的是在宇宙飞船里的经验。”

在零重力状态下，我们的消化系统变得紊乱。这一点并不难理解，你只用想想自己坐过山车的体验，想想当过山车翻转过来时你是什么感觉，想想出口附近经常能看到的呕吐物。

为了进行太空训练，美国宇航局曾经使用过 KC-135。这是一台经过改进的涡轮喷气飞机。它打造了零重力环境，每次零重力状态可以持续 20 到 30 秒，通常可以为每次太空任务模拟 30 或 40 次零重力状态。在 1995 年到 2004 年之间，美国宇航局至少从 KC-135 清理出 285 加仑的呕吐物。机组人员给这架飞机起了个绰号叫“呕吐彗星”。

美国宇航局的 C-9 飞机倾斜上升。

导览

尼尔支着儿：在太空如何避免晕动病

“我们生活在重力环境里。如果重力发生变化，你的身体就会作出反应。你会耳鸣，你的大脑必须试着协调正在发生的一切，在这个过程中，你会感觉反胃，这就是所谓的“晕动病”。不过，当你到了零重力环境里，你可能最终会习惯，因为在这里，重力保持不变。晕动病最早的症状是嗜睡。所以，要是你晕得不太厉害，就去睡一觉吧。也就是说，在太空中，如果你要移动位置，先看看自己能不能在第一个症状出现时，就直接睡过去。”

“乘坐呕吐彗星……他们会确保你没有在 6、8 或者 12 个小时之前进食，这样一来，你胃里就没什么可吐的了。既然没那么容易呕吐了，你就可以开开心心地玩耍了。”

——尼尔·德格拉斯·泰森博士，
太空“呕吐”专家

在太空中，水的形态和地球上的不同。

宇宙美食

燃料电池水味道如何?

国际空间站里供应的水是无限循环使用的——这些水通过机械装置提取，来源或是空气，或是人们自己，不一而足。“他们甚至从实验用的动物身上回收尿液，”太空“尿液”专家尼尔·德格拉斯·泰森博士说，“事实上，就算空间站的水真的是他们从实验室老鼠的尿液中提取的，那也是你喝过的最纯净的水。”

在国际空间站里，用过的脏水有90%以上都经过了净化，变成了纯净水，可供饮用、沐浴，或是其他用途。这些水的一大来源是燃料电池。燃料电池可以为空间站的电子设备提供动力。它们利用氢气和氧气的结合来发电，在这个过程中产生的副产品就是水蒸气。燃料电池水味道如何? **可能没什么味道，不过……很像水。**

宇宙美食

你能在太空里做舒芙蕾吗？

在零重力厨房中，很难烹饪美食。该用什么东西把锅固定在炉灶上，或是把烤盘固定在烤箱架上呢？煮意大利面时，有什么东西能把水留在锅里呢？ 煎锅里要是溅出滚烫的油滴又会怎样呢？不过，事情总不会都那么糟。零重力环境有助于制作某些食物，特别是在烹饪过程中需要膨胀起来的食物。举个例子吧，想象一下，你可以搅打稀奶油，完美地打到硬性发泡；或是做出松软的糕点、口感轻盈的蛋白酥；你还可以做出蓬松可口的舒芙蕾，这可是让所有家庭主妇屡屡崩溃的大麻烦。在太空里还有什么别的变化吗？

“如果你摇动调料瓶，调料会飘到空中，搞得你周围全都是。所以，你需要把所有的调料都做成液体的。”

“如果你在太空里做舒芙蕾，它不会因为自身的重量变得软塌塌的……因为这里没有重力。”

“我不知道你会不会想在太空里做排骨吃，要是你的烹饪步骤没错，你得把排骨熏制 36 个小时，那熏出来的烟要飘到哪儿去呢？”

晚间饮品

火星日出

由尼尔·德格拉斯·泰森和“钟楼”调酒师调制

1½ 盎司 朗姆酒

4 盎司 蔓越莓汁

1 盎司 橙汁

装饰用的柠檬片

往高球杯里倒满冰块，混合上述饮料，注入酒杯中。把象征太阳的柠檬片插在酒杯边缘。

“你的调料得是液态的，这样它们才能粘住食物。你的食物得喜欢和它自个儿待在一起。”

——尼尔·德格拉斯·泰森博士

想一想 ▸ 玛莎·斯图尔特会在太空里端上什么菜？

亿万富翁查尔斯·西蒙尼前往国际空间站，开启了为期 10 天的太空之旅。在此期间，他有顿饭菜是他的女友玛莎·斯图尔特为他安排的。玛莎·斯图尔特安排了一顿经过冻干处理的盛宴：蜜橘酒腌烤鹌鹑、酸豆油封鸭、土豆焖鸡、苹果翻糖、大米布丁、杏仁粗粮蛋糕。

晚饭吃什么？

宇航员的食物已经从必需的营养餐一步步升级为真正的美食。不过，你可能弄不清它们叫什么。就像宇航员迈克·马西米诺博士说的那样，美国宇航局不喜欢给自己的品牌打广告：“我们有种糖果很受欢迎，因为它们很小，你可以让它们飘在空中，我们管这种糖果叫‘糖衣巧克力’。”

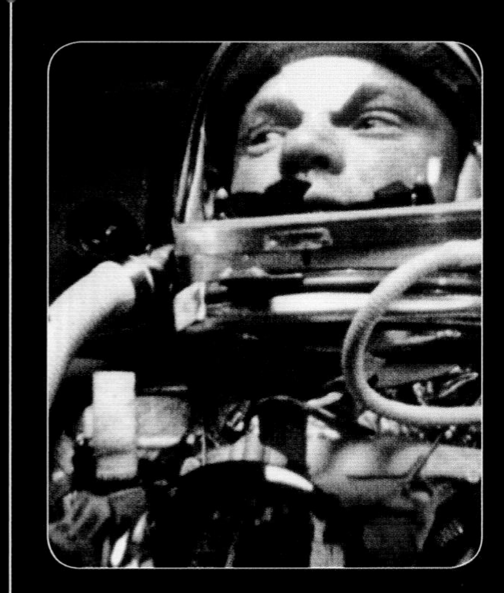

1962

◀ 宇航员约翰·
伦是第一个在太空
东西的美国人。在“
谊 7 号”上，他用
管吃了苹果酱、牛
泥和蔬菜。

1969

◀ 在执行“阿波罗 11 号”任务时，指挥舱驾驶员迈克·科林斯曾用过这把不锈钢小勺子。这是他个人最喜欢的装备之一。

1973

▶ “天空实验室”项目把冷冻食品和厨房引入了太空。宇航员们终于可以吃到冰激凌了！

1992

▲ 宇航员们经常会选择玛氏巧克力豆。在宇宙飞船上，这种巧克力豆的官方名字叫“糖衣巧克力”。

2007

◀ 美国栏目主持人
玛莎·斯图尔特的男友
作为太空旅行者前往国
际空间站，玛莎为他规
划了经过冷冻干燥处理
的美食。这些餐点是由
法国厨师阿兰·杜卡斯
的 ADF 咨询中心准备
的。

1965

▶“双子星计划”引进了第一批冷冻食品——牛肉三明治、草莓麦片、桃子和牛肉汤。与此同时，有个宇航员把一块熟的三明治偷偷带到了太空，但因为它的碎渣飘得到处都是而被发现了，所以他没能把它吃掉。

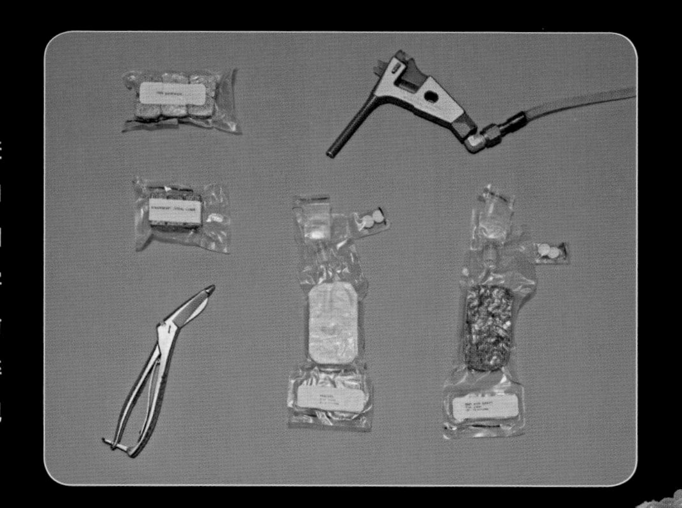

1968

▼宇航员们用恒温的多汁火鸡、蔓越莓酱在太空庆祝圣诞节。

1975

◀在一次联合任务中，俄罗斯宇航员分享了几管红菜汤。

2015

◀2015 年，宇航员们在国际空间站上创造了历史。他们首次成功种植了太空食品——长叶莴苣！

思维延伸

菓珍是美国宇航局发明的吗?

答案很简单：不是。“早在美国宇航局成立以前，菓珍就出现在食品店的货架上了。”美国宇航局的食品科学家查尔斯 · 布兰德博士说。菓珍诞生于 1957 年，1959 年开始在商店售卖。1962 年，它和约翰 · 格伦一道，首次进入太空——一段烹饪界的神话由此诞生。

食品化学家比尔 · 米切尔在他辉煌的职业生涯中，获得了许多项专利，也正是他配制出这款著名的混合饮料（只用往里面加水就可以了！）。米切尔发明了很多食品，包括人工合成的木薯布丁、蛋白粉、跳跳糖、即食果冻和“劲爆奶油”。

宇航员特里·沃特斯在太空准备了玉米煎饼当早餐，他把玉米煎饼的照片发到了社交媒体上。

宇宙之问：人类在太空的耐受力

玉米饼可以让我开心吗？

在国际空间站，所有宇航员都拥有少量载货空间，可以装满自己选择的食物，供旅行时享用。这些小点心种类繁多，而且都能在太空食用，例如宇航员克里斯·哈德菲尔德的蜂蜜花生酱玉米卷！“所有宇航员都带上了能让自己舒心的食物”，尼尔说，“这里有肉馅糕，有米饭和豆子，还有玉米饼。玉米饼棒极了，因为吃玉米饼的时候不会掉渣。”

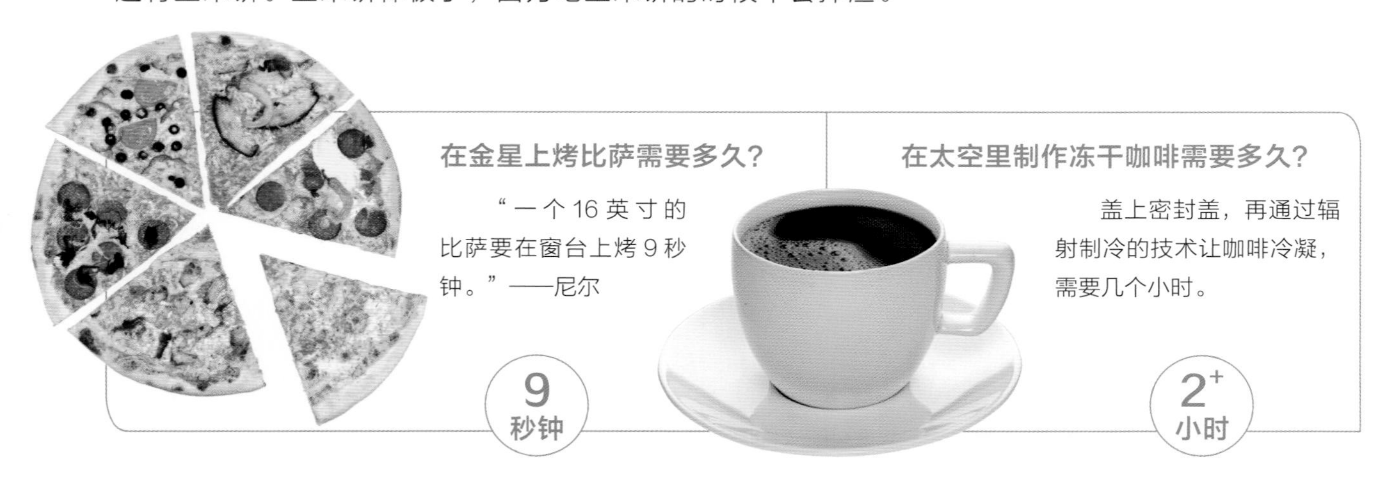

在金星上烤比萨需要多久？

“一个16英寸的比萨要在窗台上烤9秒钟。”——尼尔

9
秒钟

在太空里制作冻干咖啡需要多久？

盖上密封盖，再通过辐射制冷的技术让咖啡冷凝，需要几个小时。

2^+
小时

打包去火星

炖老鼠当晚餐？

火星上的农业和地球上的不一样。如果你选择饲养动物当食物，那么你只能试着习惯那些地球超市里没有的肉类。羊、猪、牛这些典型的四足动物，体形又大又不卫生，难以照料，更不用说运输到另一个星球去了。鸡和鸭也许小一点，但它们的羽毛更不好打理。海鲜？好吧，如果没有可靠的地表水，在火星上进行水产养殖和商业捕鱼似乎也不大可能。那么还剩下些什么呢？“1964年，在一场主题为‘太空营养与相关垃圾问题’的会议上，有人发表了一篇精彩论文，”《打包去火星》的作者玛丽·罗奇回忆道，“如果你要把牲畜带到火星上，比如，把动物带上火星，在那里开牧场。权衡过它们的发射成本、你能从中获取的卡路里之后，性价比最高的是什么物种？……最合适的动物是老鼠。炖老鼠。”所以这就是你的食物了。你在这座红色星球上能吃到的最好的一顿饭——炖老鼠。

“你希望饭菜的花样足够多，不过，最重要的是，大多数人这辈子吃过的食物品种有限，你并不需要食物有更多花样。我敢打赌，你吃过的早餐麦片顶多有两三种。”

——尼尔·德格拉斯·泰森博士谈宇航员的菜单

“在你需要服用随便哪种药物时，你真的不知道该怎么挑选……因为这里的药没有牌子。”

——迈克·马西米诺博士，宇航员

火星干燥的地理环境不适合饲养牲畜。

你知道吗

一只普通的家鼠重约三分之二盎司，差不多是未烹调的麦当劳汉堡肉饼的一半重。

开口笑 ▸ 对话喜剧人查克·尼斯

这里有个问题：我们能把猫带去火星吗？

尼尔回答：“也许，宠物能帮许多人舒缓情绪。它们用自己的方式为主人提供了重要的心理支持，这一点是其他人类做不到的。也许是这样。”不过，查克·尼斯的脑子里只有“生存”二字：“所以，答案是肯定的……你可以带上猫……可是到了最后，你可能不得不吃掉它。”

布鲁克林音乐学院的超级大脑

奶牛对我们移民火星有没有帮助？

太空“牛肉学”家尼尔·德格拉斯·泰森博士说：“奶牛是把树叶变成牛排的机器。”这对火星来说有什么意义呢？意义重大！至少喜剧人尤金·米尔曼会这样回答：“只要有一头奶牛，火星上就能住人了。”

不过，我们之所以想把牛带上火星，可不只是为了牛排。火星和地球不一样，那儿的大气层里没有足够的温室气体，让地表保持温暖。而奶牛能排出甲烷——一种威力很强的温室气体，这可是出了名的。“要达到这个效果，每个人都得有 10 头（奶牛）。”马伊姆·拜力克博士解释说。她是位神经学家，同时也是女演员和素食主义者。

要把火星改造成地球这样的宜居环境，牛到底有没有帮助？演员保罗·路德说：“我在《生命》杂志上读过这篇文章……我想说的是，大约 20 年前——关于火星的地球化，他们谈到要从岩石中大量提取氧气……我们要建一些温室大棚，在里面种粮食……最后你会有奶牛的。”

的确，当前的火星环境将会发生巨大变化。“我们需要改变火星的环境，让那里变得宜居，难道不是吗？”演员迈克尔·伊恩·布莱克问道，“这不就是我们要做的吗？”

“我不觉得我们能在火星上养奶牛。它们会需要宇航服的……试试钻到宇航服里去给奶牛挤奶吧。”

——巴兹·奥尔德林博士，宇航员

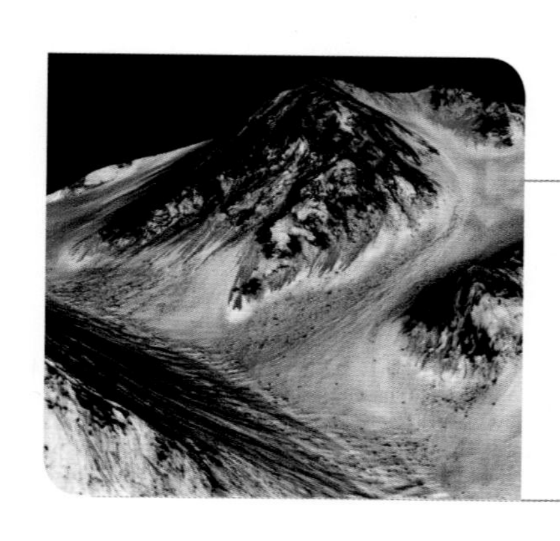

想一想 ▸ 火星上有没有充足的水来发展农业？

肯定有！仅仅在一座地下矿床里，科学家们就发现了一块巨大冰层。这块冰层是由冰冻水形成的，有新英格兰的 6 倍那么大，深度超过 100 英尺。然而困难的是要把冰冻水融化、净化，然后输送到有需要的地方去——所有这一切都将花费大量精力，需要进行许多次尝试。

打包去火星

刚吃完千层面的感觉如何？

当然，宇航员们足够坚强，愿意吃掉生存所需的一切东西。不过，太空食品的目标是让太空旅行者既快乐又健康。可能你觉得冰激凌会做到这一点，但就像食品科学家查尔斯·伯兰德博士解释的那样：“这是个有趣的故事，‘太空冰激凌’只在‘阿波罗8号’上出现过……但他们完全不肯吃……我不知道是因为他们太胆小不敢吃，还是因为他们不爱吃。不过后来，我们找其他宇航员测试过这些冰激凌，他们不爱吃，因为它们会粘在牙上。”

20世纪70年代，“天空实验室”（美国宇航局的空间站）的厨房里其实有冰箱。国际空间站里没有冰箱，但那里的宇航员依然有两百多种菜品可以选择。“在太空里，这些食物已经算很好吃的了，而且也容易烹饪。你只需要加水，然后把它们放进烤箱就行了，”宇航员迈克·马米西诺博士说，“我最喜欢千层面。味道不太像‘妈妈牌’爱心千层面，但很好做，也好吃。我们吃了千层面、意大利方饺……这些食物能给我安慰。每个星期天，我都要吃千层面，平时每隔一天我也要吃一次。”

尼言尔语

宇宙饮食

“下次执行火星任务时，你要把所有以太空元素命名的食物都带上。没有哪种食物叫作天王星……好啦，让我们看看符合条件的食物有哪些。”

日食薄荷糖

月亮银河棒

月亮小甜饼

日晒汽水

想一想 ▸ 怎样制作“太空冰激凌”

“采用冻干技术。如果我没记错的话，你应该在食物冷冻时对着它吹气，然后让冰冻水蒸发或升华，剩下的味道以及其他所有东西就是冰激凌。”

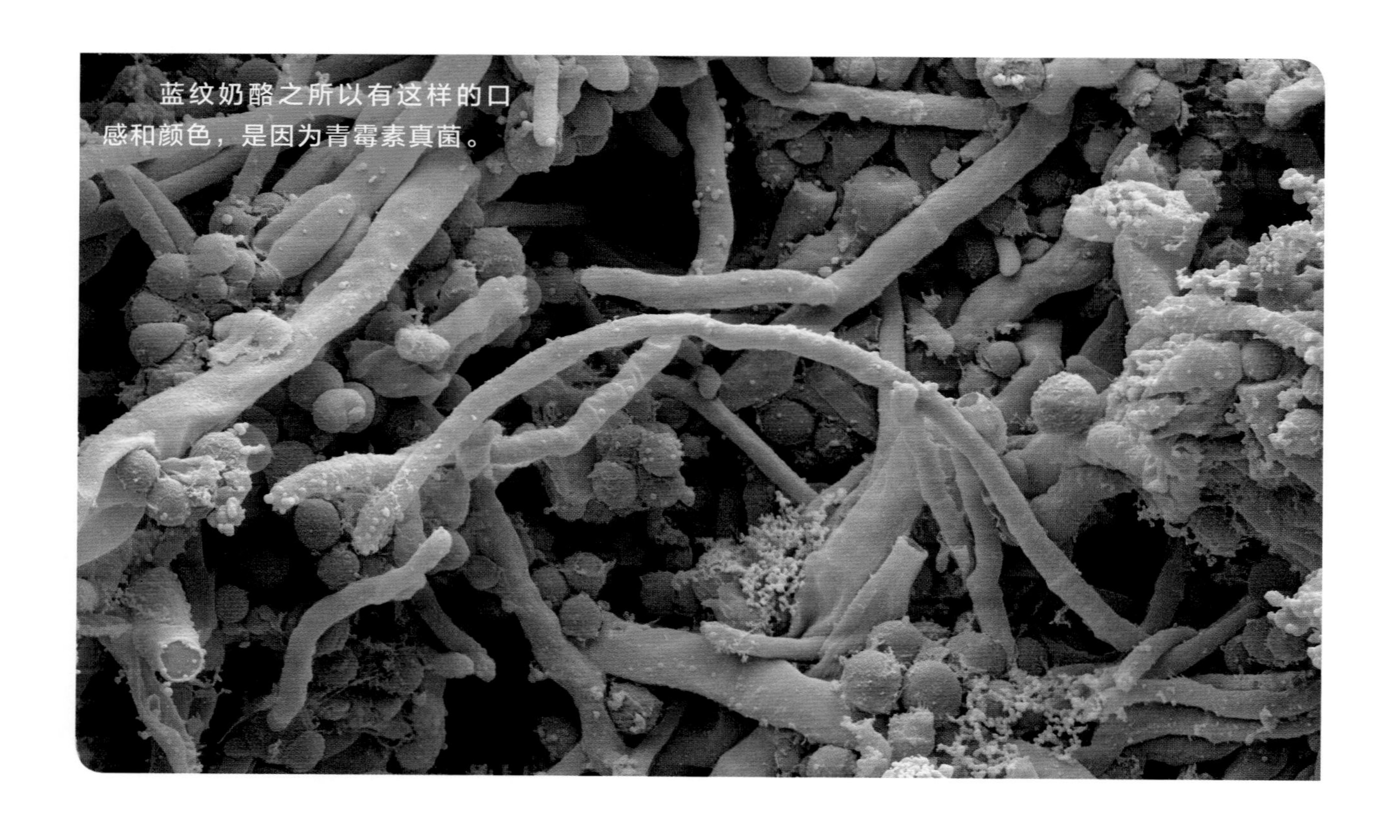

蓝纹奶酪之所以有这样的口感和颜色，是因为青霉素真菌。

宇宙之问：人类在太空的耐受力

你想要微生物吗？

在地球上，食物变质很正常，就连放在冰箱里的食物也经常会变质。对于这个现象，尼尔做出了解释：“食物为什么会变质呢？因为食物里有微生物，它们会先你一步把食物吃掉。”要是不害怕细菌，一点点变质倒不一定是坏事。有些最贵的牛排要在室温下干式熟成，最多甚至要放置三个星期，让表面长满霉菌。烹饪之前，要把牛排的表层切掉，露出里面极为鲜美的粉红色嫩肉。

还有泡菜、德国酸菜、味噌和奶酪……营养学家说，发酵食品对我们有好处。

腌制的蔬菜对肠道健康有益。

“在休斯敦的约翰逊航天中心，我参观了美国宇航局的‘宇宙厨房’。我吃了牛排，它已经在架子上的一只口袋里放了五年了，没有冷藏。有些食物他们只用辐照一下。”

——尼尔·德格拉斯·泰森博士，太空食品学专家

打包去火星

休斯敦，我们遭遇了食物难题

在航天时代早期，美国宇航局的宇航员们吃到的，不是干巴巴的、立方体形状的固体食物，就是装在管子里、需要像牙膏一样往外挤的液体食物。那个时候，研究太空食物的食品科学家并不关心它们的口感。他们的关注点是营养——确保宇航员摄入执行任务所需的维生素、蛋白质和矿物质。这样一来，饭菜并不好吃，食物运输系统也没能发挥很好的作用。（想象一下，把汉堡包做成给婴儿吃的糊糊，然后像挤牙膏一样挤进你嘴里。）难怪宇航员要大吐苦水了——包括宇航员吉姆·洛弗尔，他在“双子星7号”上直接开骂，说美国宇航局的食品科学家不会设计食品。他通过美国宇航局的官方备忘系统发回一条评价，严厉批评了美国宇航局的皇家奶油炖鸡（参见右侧引文）。

在“双子星时代”后期，情况有所改善。“牙膏管糊糊”被塑料袋装的冻干食品取代了，这些冻干食品很容易就能复水。人们把一口能吃下的立方体食物放在一个塑料容器里，这样一来，这些脱水食物更容易复原。因为有了新的包装手段，菜品也变得更好了。后来，供“双子星”宇航员们选择的食品很多，例如鲜虾鸡尾酒、鸡肉和蔬菜，还有奶油布丁。

到了“阿波罗时代”，用勺子和叉子吃饭已经成了惯例，用热水复原冻干食品也是如此。“天空实验室”进一步推动了太空食品的发展。那里有了放餐桌的空间，宇航员的菜单更丰富了，有72种不同的食品供他们挑选。

> “在‘双子星7号’上，吉姆·洛弗尔写任务记录时把怨气发泄在了营养学家身上，就是那个发明这些食物的人。‘给钱斯博士的备忘录：编号为654的皇家奶油炖鸡，连咽都没法咽下去。’”
>
> ——玛丽·罗奇，《打包去火星》作者

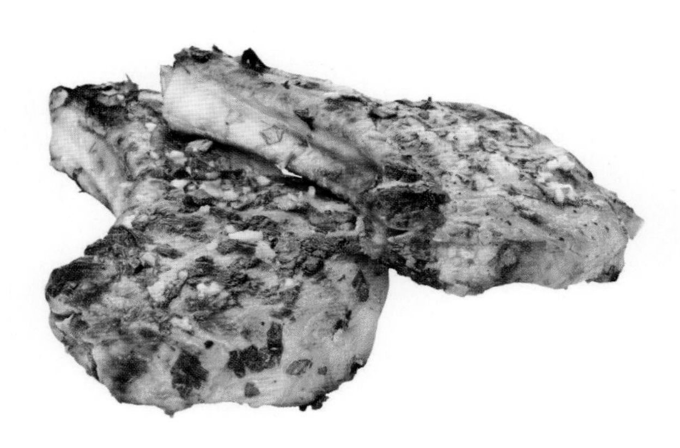

烤猪排不在菜单上。

你知道吗

在设计“水星”和“双子星”飞行任务的食物时，也考虑到了要让宇航员少上厕所——毕竟，这些宇宙飞船上没有厕所。

想一想 ▸ 为什么不单单把胖子送上太空呢？

“这个人建议说（我觉得他没在开玩笑），美国宇航局应该招些比较胖的宇航员——这是我看到的最极端的办法了。他发现，体重多50磅，就相当于有184,000卡路里傍身。这样一来，在执行任务的特殊时期，你就不用给宇航员吃东西了。”

——玛丽·罗奇，《打包去火星》作者

> “我们的宇宙是个三维空间，如果你用这个标准来衡量另一个空间的其他宇宙，便有了更高的维度……你走出了自己的维度，就不再受限于这个宇宙的空间壁垒。”
>
> ——尼尔·德格拉斯·泰森博士，天体物理学家

第三节

虫洞可以用来旅行吗？

人类往返月球大约需要三天时间。往返火星，大约要花上三年。不过，在我们星系之外，要想到达离我们最近的阿尔法半人马座星系——那里离我们大约有 4.4 光年——需要三百多个世纪。显然，我们没有那么多时间。那么，在宇宙中有什么东西能帮我们缩短旅行时间呢？

当我们问这种问题时，我们真正要问的是：宇宙中有些力量会引领我们走向未来的物理、范式乃至技术，而现在的我们却对它们一无所知，这些力量到底是什么呢？也许就是所谓的暗物质和暗能量（宇宙的 95% 都由它们构成）？或者也有可能是黑洞？

让我们从虫洞的概念开始吧——虫洞是穿越扭曲的空间和时间的捷径。虫洞的概念已经出现了很长时间，但始终是在科幻作品里。不过，在过去的半个世纪里，有人一直确信黑洞是真实的宇宙物体，并试图证明把虚构小说中的虫洞引用于真实状况中。

有朝一日，我们能通过虫洞穿越维度吗？

宇宙之问：太空的暗黑之谜

你真的能用一只蚂蚁、一张纸来解释多重宇宙的物理学知识吗？

呃，不能。好吧，也许可以试试——要是你真的很擅长折纸的话。

不过，从理论上讲是可行的。让我们想象一下，一只特别小的蚂蚁在一大张纸上爬。突然，它（这是只工蚁）遇到了一堵墙，这堵墙向左右两侧无限延伸。她无法前进，被困在墙后……有别的办法吗？

答案是：爬到墙上去！蚂蚁离开纸的二维宇宙——这个宇宙只有左右或者前后两个方向，进入了空间的第三个维度，也就是上下方向。在墙顶上，蚂蚁四处张望——然后，它就能以全新的视角去看原来的宇宙了。

现在想象一下，我们人类在太空中移动。如果我们来到一堵墙跟前，这堵墙向上、向下无限延伸，那么我们如何越过它呢？要是我们可以沿着第四个空间维度向上爬，我们就不会被困住了——这时我们就能以多重宇宙的视角去看我们的宇宙！

“你从我们的维度走了出去，你会发现一些东西，放在原来，你压根就不知道它们的存在——也许，甚至还有多重宇宙本身！”

——尼尔 · 德格拉斯 · 泰森博士，太空“博学家”

"钟楼"直播（第一部分）

"意大利面化"？我？（或尼尔因黑洞而死）

如果你要去太空旅行，无论如何也要避开黑洞。"不过，要是黑洞另一头有超赞的东西怎么办？"克里斯汀·沙尔问道。她是个女演员，同时也是个喜剧人。

好吧，克里斯汀，准备好面对现实。要是你离黑洞太近的话，就会发生以下情况：

▶ 第一步

在你跌入黑洞时，你受到的引力开始增加。你的双脚受到的引力变得比头顶的引力大，而且它们之间的差距不断扩大。换句话说，你的身体被生生拉长。

▶ 第二步

由于分子间键合力的作用，你的肌肉得以聚合在一起，保持人形。但跌入黑洞后，陡然增加的引力差会超过你体内的分子间键合力。你的身体会被猛地撕开，也许会从脊柱下端裂成两半。

▶ 第三步

与此同时，潮汐力的作用还在继续，你的两半身子还会被继续拉扯着。你的上半身会被扯成两半，下半身也是如此。现在你的身体变成了4块，而且一发不可收拾，从4块继续分裂成8块、16块、32块……随着持续的分裂，到了某一刻，你的身体会变成210块。

喜剧人克里斯汀·沙尔。

▶ 第四步

等你落到黑洞的中心，你的身体会逐渐陷入一个越来越狭窄的空间。你分裂出的碎块会从左到右（而不是从上到下）连成一条线。这时，你已经从空间结构里挤了出来，就像牙膏从牙膏管里挤出来一样。

尼言尔语

一种死法……掉进黑洞

若是不幸掉进这个宇宙深渊，

你必死无疑，因为你无法逃脱。

潮汐力将带来灭顶之灾，

当你从头到脚都被撕扯着，你确定自己还想去那儿吗？

你身体的原子——你居然能把它们看清！

一个又一个地进入黑洞。

奇点将把它们吞噬——

这可不是闹着玩。

——尼尔·德格拉斯·泰森博士的诗

你知道吗

当你掉进超大质量的黑洞，你不会像掉进小黑洞时被撕裂得那样厉害。潮汐力——两点之间的引力差——并没有那么大。

《星际穿越》中的科学 对话克里斯托弗·诺兰

虫洞的内部更大吗？

虫洞本质上是一种切入、穿越时空的弯曲通道、路径或气泡。在科幻作品里，虫洞随处可见，因为它们代表着瞬时的远距离旅行——如果人们能够驾驭它们的话。

事实上，如今的科学家真的认为可能存在这种情况。虫洞涉及极为精密的数学推算，不过我们一直在学习更多有关它们的知识。“虽然，虫洞在理论上也许是可行的，但据我们所知，它在实际中依然没有可行性，”天体物理学家、作家珍娜·莱文博士说，“（虫洞）的内部可以比外部大得多……要想开启虫洞，你需要多种物质和能量，这些都是我们从未见过的。我们完全不知道什么东西才能真正开启虫洞。它们即使被打开也会不断闭合。这很不稳定。”

因此，最大的限制并不在于数学推算的可行性，而在于控制虫洞的能量需求。十万亿亿亿瓦特的功率——我们银河系中每颗恒星输出功率的总和——也许能控制虫洞。我们对此并不确定，而且很难在科学实验室里得出结论。

“问题是，‘在宇宙中，有没有一种能量能让虫洞保持飘浮状态呢’？”

——珍娜·莱文博士，宇宙学家

计算机渲染概念图：穿越空间的虫洞。

你知道吗

在有名的《神秘博士》中，“塔迪斯”不仅仅是一台运用了虫洞技术的机器——它还有感觉和智力。

想一想 ▸ 我们能像电影里那样控制虫洞吗？

“在《怪兽公司》里有个我最喜欢的场景，影评里没有讨论过，就是……那部电影讲的全是虫洞。门是虫洞……虫洞连通了工厂和每个人的壁橱。”

——尼尔·德格拉斯·泰森博士，太空虫洞专家

宇宙之问：暗物质和暗能量

谁发现了暗物质？

虽然暗物质还是个谜，但近百年来，我们都知道它的存在。“20世纪30年代，一个名叫弗里兹·扎维奇的老兄发现了暗物质，”n尼尔解释说，“那个时候，它被称作‘质量缺失问题’。在现代天体物理学的所有问题中，这个问题拖的时间最久，迟迟得不到解决。”

弗里兹·扎维奇（1898—1974）自己没能解决这个问题。扎维齐真正发现的是，太空中有一块名叫“后发座星系团”的区域，在这里，星系运动得极快，星系团早就该被撕碎。他推断在“后发座星系团”中，除了可见物质以外，肯定还存在质量更大的物质。

> “我们知道暗物质无处不在……所以，当我们看到事物被吸引到宇宙的某个地方，就算那儿看上去空空如也，我们也不会大吃一惊。”
>
> ——尼尔·德格拉斯·泰森博士，太空吸引子专家

起初，其他的天文学家都觉得扎维奇的想法太离奇，不把它当回事。（扎维奇本人性格古怪，甚至可以说是有点儿孤僻。）不过，几十年来，宇宙中越来越多的地方都出现了质量缺失问题。如今，人们已经普遍意识到，这个问题是肯定存在的。

有些东西人们以前觉得很奇怪——例如巨引源，它是宇宙中一个单独的区域，似乎有大量物质在朝着它移动，包括我们自己的星系。现在这些东西通常被归为暗物质。

人物简介

薇拉·鲁宾是谁？

薇拉·鲁宾（生于1928年）在职业生涯之初，就拓展了人类对宇宙的认识。1954年，鲁宾在博士论文中推断，星系在整个宇宙中不均匀地分布着，她的发现比宇宙大尺度结构的证实早了20年。她对螺旋星系外围的旋转运动进行了研究，证实星系被纳入了巨大的暗物质光环中，而暗物质的质量远远超过恒星。在加州帕洛玛天文台，她是第一位作为正式客座研究员发表自己观测结果的女性。她也是第二位当选为美国国家科学院院士的女性。

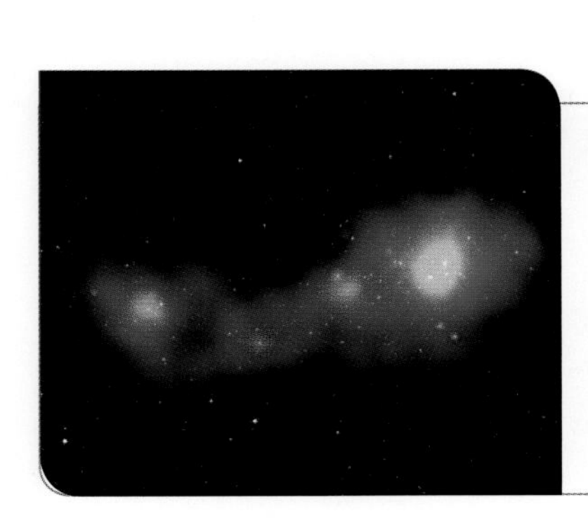

想一想 ▶ 为什么我们不叫它弗雷德？

尼尔说：“‘暗物质’真不是个好词。我们就应该叫它弗雷德，因为我们并不知道它就是物质……叫它暗物质已经让人们产生了偏见，并对以后的发现抱有特定的期望。这不符合科学精神。”事实上，闪电侠（DC漫画里的超级英雄）就有个名叫暗物质的敌人，他的“真名”叫作弗雷德·弗莱明。抛开巧合和漫画不谈，为什么要叫弗雷德（Fred）而不是弗里兹（Fritz）？或者是薇拉（Vera）？

宇宙之问：光速回答

现代天体物理学最大的谜团是什么？

让我们把两个谜团融合成一个最大的谜团：宇宙的 95%都是由科学界完全不知道的物质和能量组成的。

现在，人们已经通过可见光、红外线和微波波长，根据在地球和太空用望远镜观测到的结果，极为精准地绘制出了宇宙图——图中只有不到 5% 中的物质在人类的掌控之中，例如质子、中子、电子和中微子。另外 25% 只能施加引力，但没有别的重要作用——我们称之为“暗物质”。剩下的 70% 对太空本身施压，使其扩张，但也没有别的重要作用——我们称之为“暗能量”。

难道我们对物理定律的理解，从根本上来说就是错误的吗？

脉冲星向其轨道上的行星发射了一束放射线。

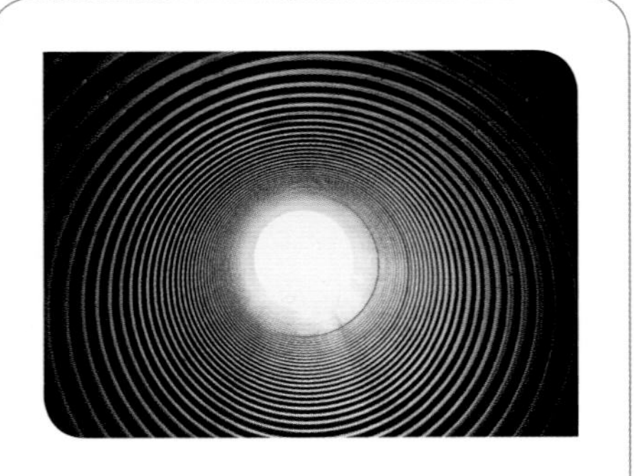

回归基础

还有白洞吗？

如果你认为黑洞是个切入点，能让物质从这个宇宙通道到别处去，那么自然也会有白洞，更准确地说，是与黑洞性质相反的天体——物质和能量毫无缘由地从白洞的某一点倾泻而出。所以，如果虫洞能存在，那么白洞也能存在。不过，观测结果表明，存在数十亿个黑洞，但人们并没发现一个白洞。由此看来，黑洞与其说是虫洞的一端，不如说更像是一个装满水的气球，只有一条路能让它里面的东西出来：它进去的路。

“如果我要表明立场的话，我会说修正牛顿引力理论——快要过时了……而我们还没有完全理解暗物质。因此，在那之前，仍然会有人为之努力奋战——这是科学最好的样子。”

——尼尔 · 德格拉斯 · 泰森博士

宇宙之问：新发现

黑洞会被摧毁吗？

物理学家斯蒂芬·霍金最先提出了这样一个数学公式，由于视界内的量子力学过程，黑洞会随着时间推移而失去质量，渐渐缩小。这得花多长时间呢？尼尔说，这得花很久："我们把这个过程叫作'霍金辐射'。"进入黑洞的物质慢慢从黑洞蒸发，直到有一天黑洞完全消失。整个过程非常缓慢，蒸发超大质量的黑洞需要 10^{100} 年。很多很多年。"

还有什么可以摧毁黑洞吗？黑洞可能会相互碰撞。2015 年，距地球 10 亿光年远的地方就出现过黑洞碰撞，碰撞时释放的引力波辐射被人们探测到了。不过，黑洞并没有被摧毁——它们只是合并成一个更大的黑洞了。

"黑洞比任何核聚变都要厉害……所以我们把黑洞放在第一位。黑洞曾经是一颗恒星，当时这颗恒星本来要爆炸，但最后并没有爆炸。黑洞说：'不，你要炸！'"

——尼尔·德格拉斯·泰森博士，太空"保险丝"专家

你知道吗

宇宙大爆炸以来能够蒸发的黑洞，其中最大的黑洞都比原子核小。

想一想 ▶ 核聚变能摧毁黑洞吗？

核聚变是氢弹的能量来源，也是人类利用过的最强大的力量。大质量恒星是黑洞的发源地，通过核聚变，这些恒星可以在万分之一秒内产生巨大的爆炸力，比世界上所有氢弹一起爆炸时的威力还要大。后者的威力不足以对黑洞产生任何影响。

宇宙中的奇异物质

从宇宙学的角度看，我们所说的“奇异”物质并没有那么奇怪。在地球的常规环境里，气温、气压、大气密度变化幅度不大，我们就遇不到这类物质。为我们的幸福安康着想，这可能倒是件好事！不过，在整个宇宙中，这些东西无处不在。

电子简并物质

白矮星是和太阳质量相当的恒星留下的残骸。在白矮星上，原子在引力作用下紧紧挤压在一起，一勺大小的白矮星有几吨重。现在，太阳中心就有一些这样的物质。

中子简并物质

中子星是质量十倍于太阳的恒星留下的残骸。在中子星上，巨大的引力把原子压碎了，原子核被紧紧挤压在一起。一勺大小的中子星就有几十亿吨重。

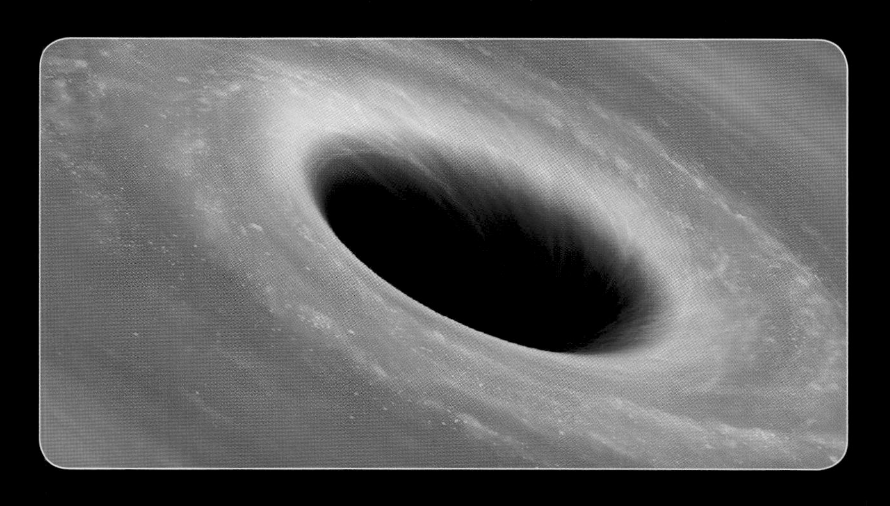

黑洞

我们不知道黑洞视界内的物质状态如何，对于那里的一切，我们无从解释。黑洞中心也许有个奇点，体积无限小，密度却无限大，但我们无法确认这一点。

奇夸克物质

在一般的原子中，质子、中子都由两种夸克组成，它们叫作上夸克和下夸克。我们都知道亚原子粒子。说不定，在密度超高的环境，也许是在中子星的中心，第三种夸克——“奇夸克”可能会与上夸克、下夸克相结合，形成高度不稳定的亚原子粒子。

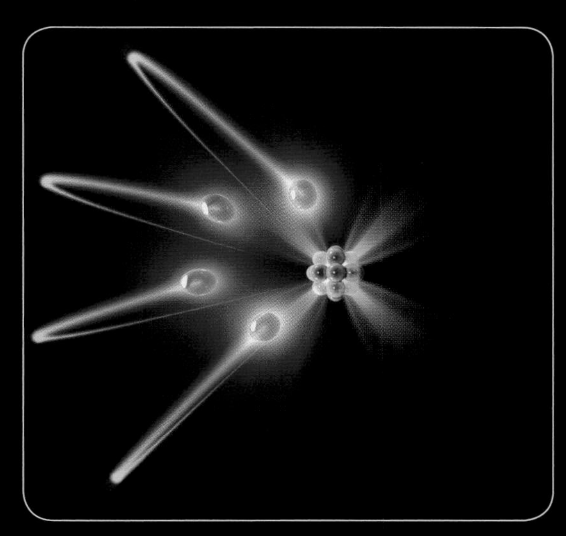

暗物质

奇异滴、轴子、大质量弱相互作用粒子，以及“弱作用巨兽粒子”，也就是大质量弱相互作用粒子的巨无霸版本——所有这些粒子都是人们假设的，从来没有被真正发现过，但从理论划分上说，它们占据了宇宙 80% 以上的区域。

宇宙基本力是什么？

宇宙中有四大基本力，按强度大小排序，它们分别为：强核力、电磁力、弱核力和引力。根据量子理论，每种力的传递都要依靠各自的亚原子粒子——胶子，光子，W^+、W^- 和 Z^0 粒子，引力子。

易受干扰的引力

我们还不知道引力比其他几种力弱的原因。就像尼尔所说的那样：“引力不但是最弱的，还弱得不聪明。”你不妨想一想，头发上的那一点静电就能抵消地心引力，把气球吸在你头上。

引力的优点

另一方面，引力有两种特性。与核力不同，引力的作用距离很远；与电磁力不同，引力也没有正负电荷互相抵消。因此，作为塑造宇宙的力量，引力在整个宇宙中无可匹敌。

类星体

类星体是宇宙中的一种引力源——位于星系中心的超大质量黑洞，周围都是被吸向它的物质。类星体在一秒钟内产生的能量，比太阳一千万年产生的还要多！

宇宙之问：对话比尔·奈和宇航员迈克

变成黑洞前，恒星能长到多大？

当恒星到了生命晚期，向内的引力会压过向外喷发的能量，这时就产生了黑洞。恒星的质量和体积并不总是成正比，例如，太阳不能变成黑洞，但在它 100 亿年的寿命当中，有段时间它的体积却大于比它质量更大、能变成黑洞的恒星。

“那么，你能用一百多万条鲸鱼来形容它吗？”喜剧人尤金·米尔曼问道。当然，我们可以用鲸鱼来进行类比，以便理解恒星的情况。太阳的质量有 10^{25} 只成年蓝鲸那么大！这非常大，但还不够。如果一颗恒星的质量还没有太阳质量的 8 倍大，那它很可能不会变成黑洞。如果它的质量超过太阳质量的 20 倍，那它才比较可能会变成黑洞。如果它的质量在二者之间，那它只有一半的可能会变成黑洞。

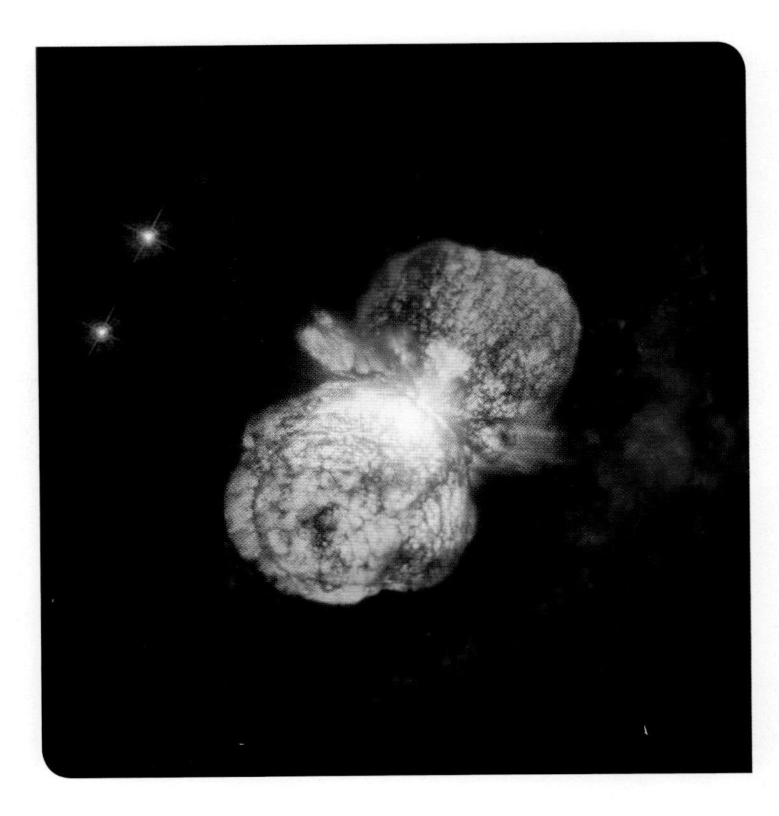

一颗超大质量恒星产生的气体和尘埃，由哈勃望远镜拍摄。

人物简介

种族主义者哈勃？哈勃常数？

埃德温·哈勃（1889—1953）改变了人类对宇宙的理解。他高大英俊，曾在芝加哥大学搞体育，随后拿到了罗德奖学金去牛津大学读法律，最终，他追随自己对天文学的热爱，来到了南加州。他热心于攀龙附凤，尽管他是个地道的美国人，却自称属于英国上流社会；在与人交谈时，他和妻子经常发表当时盛行的种族歧视言论。不过，在天文台，他算得上是那个时代最好的天文学家。他证实了银河系外其他星系的存在，并指出宇宙正在膨胀——这是大爆炸的结果。

“我们能观测到一些星系的内部，在它们中心都能看到黑洞……当你望向这些黑洞时，你可以这么说：‘我敢打赌，你年轻的时候准是个类星体。’”

——尼尔·德格拉斯·泰森博士

你知道吗

从科学的角度来说，黑暗就是没有光。因此，黑暗的速度就是光线离开的速度。

要有光

关于早期宇宙，宇宙背景辐射揭示了什么？

光以有限速度传播——正如从远方寄来的明信片记录着过去，光也是如此，远处物体的图像也记录着光在离开它时它的样子。这就叫作回顾时间。

天文学家用它来估测可观测宇宙的历史。天文学家卡特·埃玛特为我们讲述了其工作原理："如果你看得足够远，你眼前看到的其实是宇宙的冷却，或者是从等离子体、不透明物到透明太空的转变过程。这就是我们看到的微波背景。"

回归基础

宇宙大爆炸怎样"炸出"物质——还有我们？

"根据质能公式 $E=mc^2$，宇宙大爆炸的能量体积很小，温度很高，而且很活跃，物质就是由这些能量转化而成的。这时的宇宙就像一碗汤，汤里充斥着正物质和反物质。随着宇宙的膨胀和冷却，所有的正物质和反物质粒子彼此碰撞和消灭，然后产生了光。不过，其中十亿分之一的正物质粒子在碰撞中幸存了下来，你我正是由这些物质组成。而正物质和反物质的其他所有碰撞作用，则产生了宇宙中的光。现在，在宇宙最遥远的区域，你看到的微波就是那时的光。"

——尼尔·德格拉斯·泰森博士

从诞生之初，宇宙一直在慢慢冷却。

"要是你离地球足够远，那么你就能看到足够久远的画面。其实，你看到的一切——比如一颗恒星——越远，你看到的就是它越早以前的样子。"

——卡特·埃默特，天文学家、艺术家

"这样做的问题是……我们不知道怎样达到那么快的速度。"

——菲尔·普莱特，天体物理学家、《糟糕的天文学：误解、误用大揭秘》作者

宇宙之问：留住时间

光子受不受时间影响？

在某种意义上，光子可以说是不受时间影响的。让尼尔来解释这个问题吧："当你飞得越来越快、越来越接近光速，你衰老的速度就越来越慢。对你来说，时间走得越来越慢。我们还不知道怎样做才能达到光速，不过如果你达到了……如果你达到了，那么时间就静止了。作为光的载体，光子以光速存在。光子并不是在 2.4 秒内从零速加速到光速的；它从一诞生就以光速存在着。因为它以光速存在，所以它不受时间影响……如果你是个光子，从宇宙中发射出来，你会被吸收，就像你所知道的那样，你会在一瞬间狠狠撞上你前进路线上的东西。时间甚至来不及流逝。

导览

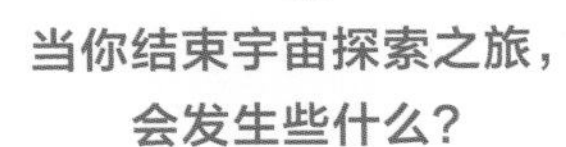

当你结束宇宙探索之旅，会发生些什么？

爱因斯坦相对论里有个有趣的推论，那就是时间膨胀。我们可能会感觉到，对任何人、任何事物来说，时间流逝的速度都是相同的，但对于正在移动的物体来说，时间流逝的速度却不一样——对于快速移动的物体来说，时间流逝的速度更是大不相同。"如果你坐上宇宙飞船，以接近光速的速度飞行，你真的能穿越银河系。地球上的人过了 10 万年，而你可能只过了几个月，"菲尔·普莱特博士说，他是个天体物理学家，著有《糟糕的天文学：误解、误用大揭秘》，"那是去往未来的时间旅行——要是你跑到星星上去的话，到处逛逛，插上旗帜，再打道回府。地球上已经过了 20 万年，你经历的时间却比这少得多。"

想一想 ▶ 快速移动为什么会使时间变慢？

"你真得承认：'不，觉得时间慢下来的可不只是你自己。'连你的手表走的速度都和别的手表不一样……亚原子粒子正在衰变，正在像平常那样悄悄运动着，（但）运动的速度却不一样了。"

——菲尔·普莱特，天体物理学家，《糟糕的天文学：误解、误用大揭秘》作者

> “我们借助机器人来探索太阳系，还有宇宙的其他地方。这些机器人基本上就等于是我们的眼睛和耳朵。这样做棒极了：我能一边舒舒服服地待在自己喜欢的沙发上，一边探索宇宙。我还能吃甜甜圈……这种生活可好多啦。”
>
> ——艾米·美因茨博士，天体物理学家

第四节

我们也是外星人吗？

当人类离开地球家园，迈出第一步——我们要派出什么人？他们怎么旅行？他们要去哪儿？

目前，我们正派出机器人宇宙飞船，飞船上装满了科学传感器和通信设备。关于太空，还有我们自己，这些设备的用途给了我们哪些启示？毕竟，它们是我们的延伸，在遥远的地方充当着我们的眼睛和耳朵。如果这些机器人也有大脑，它们还会是“我们”吗？还是会变成“他们”？

无论是机器人或是人类，我们这些勇敢的探索者正在寻找你意想不到的奇迹。虽然，人们最常想到的奇迹可能要数外星生命！我们认为，在外太空我们最有可能找到某些简单生物——单细胞微生物、藻类或原始动植物。不过，我们也有机会找到智慧生物——这些生物看到我们在宇宙中窥探，可能会问我们：来者何人？

美国宇航局的机器人“女武神”，高 6 英尺，重 290 磅。

科学家创造的航天器真的像他们自己的吗？

每个太空探测器都是几百甚至几千人的劳动成果，凝聚着他们共同的心血、汗水、辛劳和眼泪。玛丽·雪莱的经典小说里有个科学怪人弗兰肯斯坦博士，这些科学家是不是也像弗兰肯斯坦一样，通过某种形式在创造物中展现了自己和自己的面貌呢？

宽视场红外测量探测器卫星（WISE）
艾米·美因茨博士

WISE 的主要有效载荷是个四通道红外望远镜，于 2009 年 12 月发射。它的任务是探测整片天空，其灵敏度是此前所有执行太空任务的红外望远镜的 1000 倍。

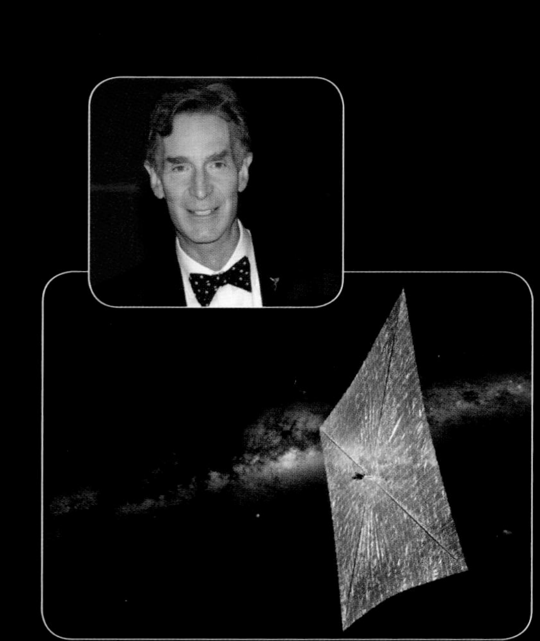

“光帆”
比尔·奈

“光帆”配有反光帆，2015 年 6 月，它完成了第一次试飞。“光帆”项目由行星协会众筹，飞船利用太阳光能驱动，依赖光来飞行。

“勇气号”与“机遇号”
史蒂夫·斯奎尔斯博士

2004 至 2010 年间，作为“火星探测漫游者任务”的一部分，“勇气号”在火星表面行驶了 4.8 英里。“机遇号”和“勇气号”是双胞胎探测器。自 2004 年以来，“机遇号”在火星表面行驶了超过 25 英里。

“卡西尼号”
卡罗琳·波尔科博士

“卡西尼号”于 1997 年发射升空，并于 2004 年进入土星轨道。其任务包括研究行星环、大气层和卫星。

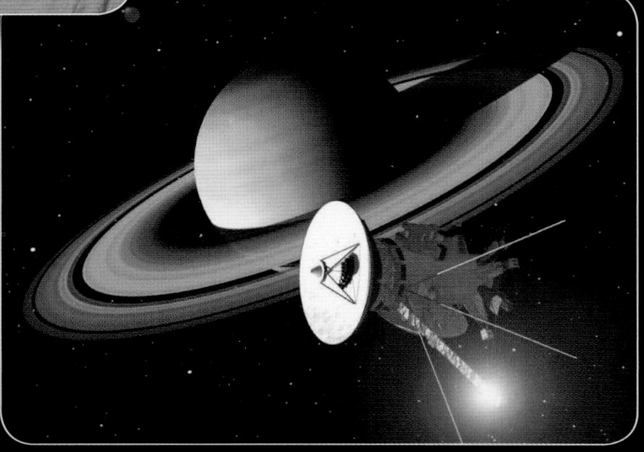

“好奇号”
大卫·格林斯彭博士

2012 年 8 月 6 日，“好奇号”降落

“所以，说真的，外星人可以到地球来，用55种语言打招呼，然后再杀人。真的，有55个国家会放松警惕，说不定还不止55个。”

——尤金·米尔曼，喜剧人

我，机器人

“旅行者1号”有什么特别之处？

2012年，“旅行者1号”太空探测器进入星际空间——在人类的所有创造物中，它还是头一个完成此等壮举的。它的仪器记录了周围环境的变化，证明它已经脱离了太阳电磁影响范围。现在，“旅行者1号”发射的光波和无线电波到达地球大约需要20个小时，而该航天器和地球之间的距离超过120亿英里。

1977年，“旅行者1号”由“泰坦号”火箭发射升空。

“‘旅游者号’发射时的能量足以让它在木星和土星之间飞一个来回，这是它的特别之处，”尼尔说，“当它冲出太阳系时，它的速度够快，能让它彻底离开太阳系。就在最近，它才真正离开太阳系，飞越了我们太阳系和太空之间的边界。在我们发送过的所有东西中，它是飞得最远的。”

而且它还运转得好好的！美国宇航局的计划是，至少在2020年以前，继续利用“旅行者号”来获取有关太阳系和星际的场、粒子和波的科学数据。完成所有这些工作都需要一台机器，其机载计算机内存约为一般智能手机内存的十万分之一。

导览

“旅行者金唱片”上都有些什么？

“旅行者1号”和“旅行者2号”都带上了一张镀金的黑胶唱片（按今天的标准来看，这张唱片的科技含量并不高），还配有非语言说明，讲述了如何制造出一台播放唱片的机器。每张唱片都刻录了：

▶ 100多幅图像，内容涉及数学方程式、有关我们太阳系及其位置的信息、行星、人体解剖学、植物、动物、宇航员、联合国大楼和一家超市。

▶ 联合国秘书长用英语录制的语音问候。

▶ 各种来自大自然的声音和人工合成的声音，例如海浪声、风声、雷声、蟋蟀声、蛙鸣、鸟鸣、鲸鱼的歌声和笑声。

▶ 时长为90分钟的乐曲精选，包括古典乐和爵士乐作曲家的作品、许多传统民谣。

▶ 人类用55种语言说出的问候，包括古希腊语、阿卡德语和苏美尔语。

▶ 用莫尔斯电码写的信息，原文为拉丁文，意即“循此苦旅，以达群星”。

在《人工智能》（2001 年）中，海利·乔·奥斯蒙特和裘德·洛扮演了机器人。

建设未来

机器人是“它们”还是“我们”？

根据哲学定义，人之所以为人，并非因为人拥有血肉之躯而不是机械身体。我们也许能通过机械的方式来制造“它们”，但我们也同样能通过生物技术克隆出“我们”的副本。那么，要是它们不如我们高级怎么办？人类繁衍生息可是经历了 40 亿年的进化过程，而我们制造机器人的历史只有 40 年左右。

再说，我们所说的“高级”到底是什么意思呢？要是不借助科技，人类就不会“高级”到去开展太空深度游，也不会在没有食物生长的火星表面漫步，或是去分析土星的磁场。但我们的机器人全都能做到。

勤勤恳恳的机器人瓦力玩具，由迪士尼和皮克斯动画工作室出品。

“我们不该一边嘴上说，‘派机器人去太空跟派人类去不一样’，一边把机器人都‘开除’，因为我们……我们把自己的认知赋予了这些机器人。此刻，它们承载着人类的思想在火星上匍匐前进。”

——杰森·席尔瓦，未来学家

“当它操纵事物时，我觉得这就是它成为机器人的原因。”

——斯蒂芬·戈文，机器人专家、太空科学家

晚间饮品

机器人鸡尾酒

由尼尔和“钟楼”调酒师调制

一点苏打水
½ 杯菠萝汁
3 件装的柑曼怡力娇酒

将所有配料依次倒在冰上
快来享用吧！

我，机器人

什么是真的机器人？

和许多词一样，日常对话里所说的“机器人”，并不等同于科技层面上的“机器人”。即便在古代，人们也想象出了一些创造物——它们在今天肯定会被称作机器人。据说希腊神赫淮斯托斯制造了金属机器人来伺候他。顺便说一句，按希腊神话的说法，赫淮斯托斯还创造了第一位女性潘多拉。不管硬件或软件条件如何，机器人都需要具备一定的复杂性、灵活性，在某些情况下，甚至还得有学习能力。如果你向不同的人询问机器人的定义，你会得到不同的答案。

机器人专家、太空科学家斯蒂芬·戈文给出了这样的定义：“机器人是可编程的操纵器。不过，如果一台机器做不了太多事，那它其实不算机器人……如果它处理的是一件事，或是一类事，那它就是一架自动航天器。”

“要是有人把机器人当成人类介绍给我，我会像对待人类那样对待它，因为我不知道介绍人有何用意。我不想妄加评判。”

——杰森·苏戴奇斯，喜剧人

开口笑 ▸ 对话“火星沙皇”G. 斯科特·哈伯德博士

“很难把一般的机器人任务和人类的探索任务进行对比，不过考虑到宇航员的生存和其他所有的问题，派人类去太空至少要贵上 10 倍，甚至 100 倍或是更多……要是你想让他们都活着的话。”

比尔·奈和尼尔一起参加了《宇宙时空之旅》的首映式。

宇宙之问：太阳系之旅

冒险精神哪儿去了？

我们传诵着英雄的冒险故事，希望通过这些故事来间接地体验生活，想象我们自己正得出激动人心的科学发现，开创先河。通过机器来完成这些任务，是不是不如亲自完成来得过瘾？

行星科学家史蒂夫·斯奎尔斯可能会这样认为：“过去 20 年，我一直在设计和操纵一款机器人，人类在火星表面上可能做到的事情，它们都能照做。我们的太空越野车一天要做的事情，你我 30 秒之内就能完成……人类能够整合和理解信息，弄清下一步该做什么，还能随机应变。机器人不能像人类那样随机应变。”

所以，是的，我们早晚该把人送上火星，或是任何我们想要了解的地方。“人类具有机器人根本不具备的能力。”斯奎尔斯说，“有人曾经说过一句名言：‘没人会列队欢迎机器人。’”

不过，在我们能安全前往之前，机器人会为我们铺平道路。

有一天，当我们在太空旅行时，我们可能都得带上这些护照。

宇宙之问：金星 对话“炫酷勺子”博士

俄罗斯机器人有多出色？

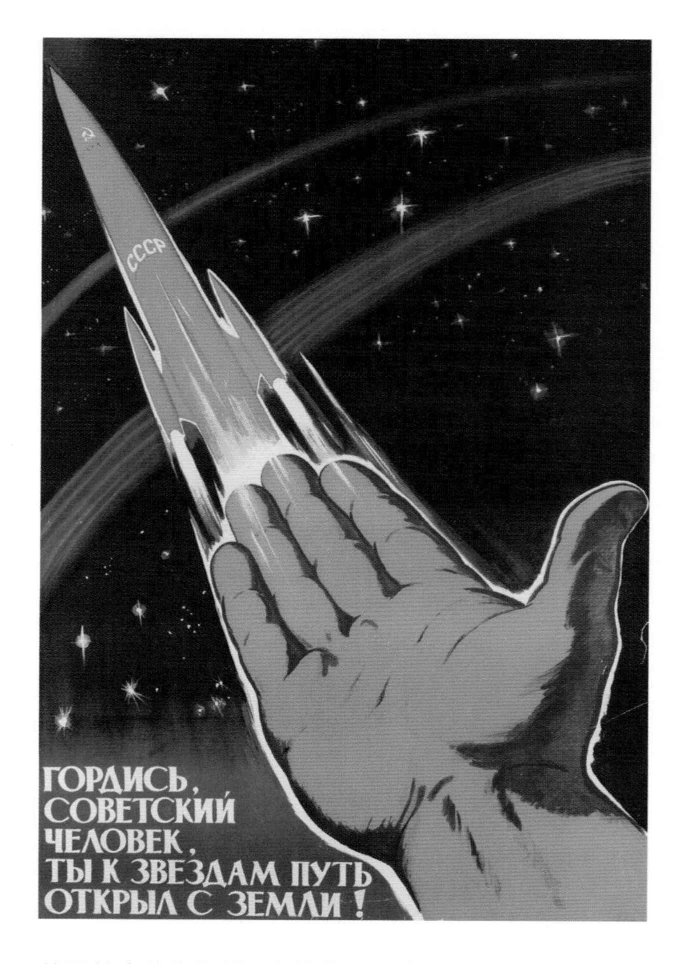

苏联的宣传海报说，它的士兵开启了通往星空的道路。

美国宇航局带回了800多磅的月球岩石，但都是派人去采集的。而另一方面，苏联的太空计划完全靠机器人，把月球岩石样本带了回来。天体生物学家大卫·格林斯彭，也就是人们熟知的“炫酷勺子”博士，认为事实不止如此：“这些俄罗斯人。他们根本没法自己探索火星。他们把飞船发射到火星去了，但都以失败告终。俄罗斯人在火星上投入了大量资源，这结果实在叫人难过。

“不过，在金星探索方面，他们真的很成功。他们有轨道器，还有特别棒的着陆器——首次登陆金星就是俄罗斯人完成的。他们的着陆器非常成功，设计得棒极了，你看到的所有这些照片都是他们通过着陆器拍摄的：这些奇特的风景照是我们人类从另一颗行星表面得到的第一批照片。在照片上，岩石朝着这个怪异世界的地平线延伸。”

开口笑 ▸ 对话尤金·米尔曼和尼尔

木星的卫星“欧罗巴”表面覆盖着厚厚的冰层，这阻碍了我们研究那里广阔的地下海洋。我们怎样才能穿透冰层呢？

尼尔：人类可能还不是最早尝试穿透冰层的。

尤金·米尔曼：你可以教一群猫打洞，然后把它们送到那里去。

社会学与人类状况

“挑战者号”的灾难因何而起？

1986 年 1 月 28 日，“挑战者号”航天飞机在升空时爆炸。飞机上的 7 名宇航员都在爆炸中丧生。

有份冗长的调查报告透露，从制造航天飞机及其部件的承包商到负责发射的美国宇航局人员，几乎每个决策层的人在判断和沟通时都犯过重大错误，正是这些错误导致了灾难。作家马尔科姆·格拉德威尔说：“如果每次出现差错时，你所处的社会都坚持将责任归咎于个人，那么你就会选择这样一些行为——能够规避个人风险、护自己周全的。”

“挑战者号”飞机升空后不久就爆炸了。

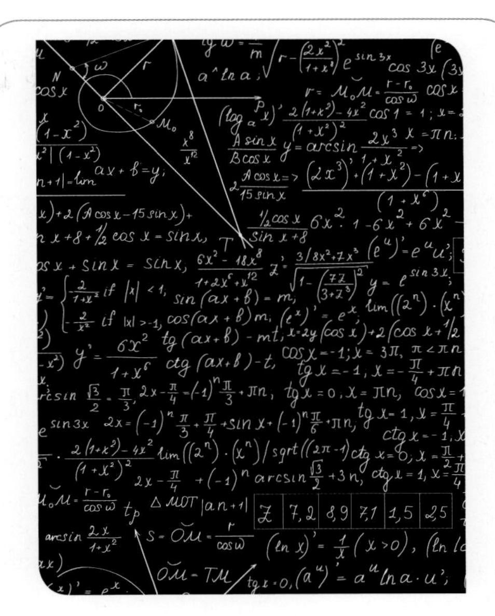

回归基础

火箭科学为什么这么难？

火箭科学要解决的问题包括：释放大量的能量，施加巨大的推动力，远距离移动重物。看似微不足道的失误可能会导致严重的后果。以下就是三个这样的例子：

2003 年：“哥伦比亚号”航天飞机在重返地球大气层时烧毁，飞机上的 7 名宇航员全部丧生。在发射过程中，该航天飞机的左侧机翼的前缘被损坏，导致轨道飞行器的热保护系统失效。

2011 年：俄罗斯探测器“火卫——土壤”（是为了从火星的一颗卫星上带回岩石样本设计的）发射两个月后，该探测器却被困在近地轨道上，而后坠入太平洋。 至少有一枚火箭未能正常发射。

2015 年：“猎鹰 9 号”火箭发射两分钟后就在空中解体了。有个支杆失效，导致整个火箭出现了结构故障，引发灾难。

宇宙之问：对话比尔·奈和宇航员迈克

没有任何东西推动航天器，那它是怎么遨游太空的？

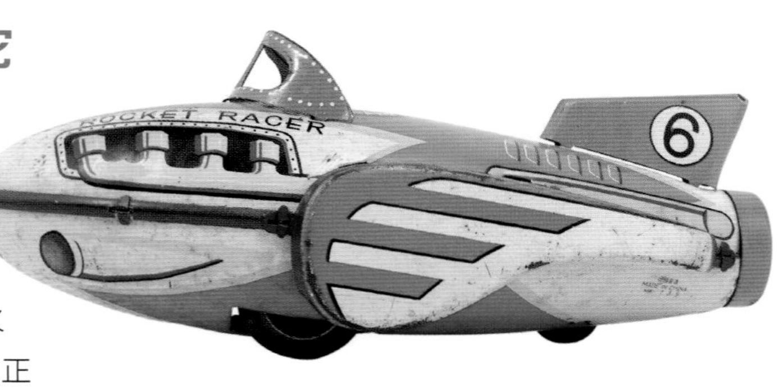

一架制作精良的火箭赛车玩具。

关于太空旅行，有个最常见的误解：要想移动，你必须推开点什么，例如地球表面。“当你看到火箭离开地面时，你会感觉火焰和气体正在猛烈地冲击着地面，但这并没有真正发生，”比尔解释说，“火箭底部喷射热气的速度非常快，其反作用力让火箭朝着另一个方向飞去……不管你在地球上还是在太空中，都是同样的情况。”

> “我们将在这艘……微型太空船上安装这张巨大的帆……你迎风换舷，就像驾驶帆船一样驾驶它。”
>
> ——比尔·奈谈太阳光驱动的飞船“光帆”

根据牛顿第三运动定律，每一个作用力都有一个大小相等、方向相反的反作用力。这意味着要想移动，只需做出“推”的行为就够了，不需要把任何别的物体或表面推过去或推过来。某些火箭和非火箭系统（例如哈勃空间望远镜）借助反作用轮来移动。“你把它们朝某个方向转，你就会得到另一个方向上的反作用力，”宇航员迈克·马西米诺说，“然后就会指向你想要的地方。”

> “人们担心……假设它（航天器）在进入我们的大气层后解体，那么，它就会把核燃料钚播撒到世界各地，杀死所有人……所以，当时有一些抗议活动。这场悲剧并没有发生，因为我们知道牛顿运动定律。我们把它搞定了。”
>
> ——尼尔·德格拉斯·泰森博士，太空核武器专家

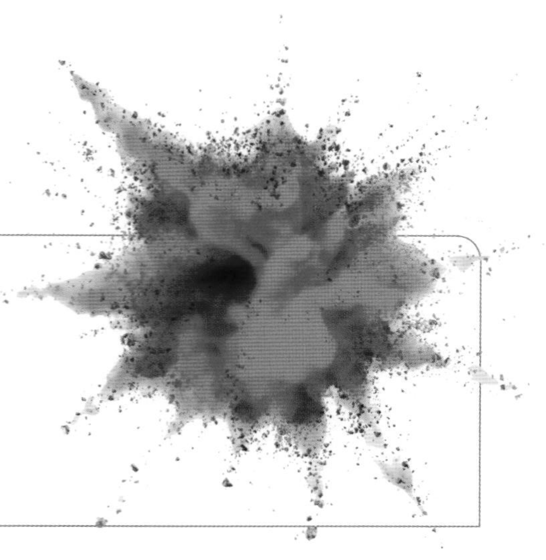

想一想 ▶ 我们是不是一直在向太空发射核武器？

人们已经把一些核反应堆送入轨道，但还没把它们送上科学太空探测器。与此同时，人们也经常使用放射性物质。它们发生放射性衰变时，会稳定输出少许热量。放射性同位素热电机利用这些热量，来为探测器的电力系统供电。人们对放射性同位素热电机进行了高度隔离，所以从没对地球上的人类产生过危害。

宇宙之问：太阳系之旅

罗威尔为什么认为火星上有生命？

帕西瓦尔·罗威尔（1855—1916）出生于波士顿一个富裕的家庭。他是诗人艾米·罗威尔和哈佛大学校长阿伯特·罗威尔的兄弟，也是家里的异类。他在亚利桑那州北部建立了罗威尔天文台——这座天文台到现在依然是世界领先的研究机构，他在那里进行了二十多年的火星研究。

罗威尔曾宣布他观测到了火星表面的运河，并因此出名。“一百年前，人们通过望远镜观测到，在大气透明的短暂时刻，行星表面上有一些直线，看起来就像一张精细的网，”史蒂夫·W. 斯奎尔斯博士说，“这些线很直，又有规律，人们看到它们就得出结论，说它们不仅是生命存在的证据，而且是智慧生命存在的证据。现在看来，他们只说对了一部分，望远镜那头并没有生命存在，这头才有。他们看到的是错觉。实际上，火星表面什么也没有。”

不过，不能因为罗威尔犯了这个错误，就把他当成一个不合格的科学家。他的证据有缺陷，但他也付出了真切的努力，而错误正是发现过程的一部分。只有当罗威尔面对足以推翻他观点的明确证据，却仍固执己见，我们才能说他是个不合格的科学家。

导览

我们会在太阳系内还是太阳系外发现生命？

人们已知的系外行星（也就是太阳系以外的行星）激增，这让有些科学家觉得，我们以后会有更大可能发现外星生命。毕竟，火星只有一颗，系外行星可有成千上万！话虽如此，尼尔仍然认为我们会在火星上最先找到生命：“在火星上，我们渴望找到的是微生物……如果我们在系外行星上找到生命，我们不会往微生物的方向考虑……我们就快能研究系外行星的大气化学了……我们会先发现火星上的生命，因为我们的技术还不足以发现系外行星上的生命。”

“钟楼”现场

地球上的生命会不会起源于火星？

根据尼尔的介绍，这是迄今为止我们所知道的：“直到最近，我们才知道，当一颗小行星撞击地球时，周围的岩石可以被推回太空，巨大的后坐力足以让它们完全逃离地球……而且，我们发现，如果有块岩石，它的发源行星表面还有许多生命，从偏僻的地方逃了出来，那么在这块岩石上，可能藏匿着从星际空间的真空幸存下来的微生物。所以这块岩石穿越了太空，并降落在另一个行星上。对此我们有个专门的名词，叫作‘泛种论’。”

先不说这个术语是否文雅，只有当微生物在严酷的星际旅行中存活下来——这场旅行可能持续了数百万年，甚至数十亿年——才有可能出现“泛种论”的情况。实验和计算机模拟的结果表明，微生物在这种情况下存活的可能性很小。另一方面，也许不用整个微生物存活——也许只要有微生物的分子成分，例如蛋白质、核糖核酸或 DNA 就能达到同样的效果。

“事情就是这样，”尼尔说，“有证据表明，火星作为一个行星，比地球更早变得潮湿和肥沃。很有可能是火星的某块岩石上嵌有那里的微生物，然后岩石落在了地球上，孕育了我们所知道的生命。如果是这样的话，地球上的所有生命都起源于火星。”

小行星向地球猛烈撞击，急速降落。

探索我们炫酷的太阳系

是什么在咬“欧罗巴”？

木星的卫星“欧罗巴”比地球的卫星略小，上面覆盖着厚厚的冰冻水。它的表面布满了山脊、裂痕和接缝，就像地球的极地冰盖一样。在这冰冷的表面之下，可能会有广阔的地下液态海洋吗？会有生命吗？我们正在寻找它。天体生物学家大卫·格林斯彭博士说：“作为一项重大任务，‘欧罗巴’是美国宇航局研究的重中之重。生命产生需要一些条件，如果这些条件我们没有搞错，那‘欧罗巴’上应该会有生命。我们认为，在这层冰冷的外壳下有一片海洋。实际上，这可能是我们太阳系里最大的液态海洋。”

“我想做第一个吃‘太空螃蟹’的人。最要命的困难：‘欧罗巴’。”

——尤金·米尔曼，喜剧人

当然，这还没有定论：在厚厚冰盖下的地球海洋中，有生命存在，但在此之前，蓝藻已经通过亿万年的光合作用，在水中释放了大量氧气。在“欧罗巴”上，很难出现同样的情况。尽管如此，在“欧罗巴”上找到生命，对我们来说还是个很大的诱惑：我们想解决这个谜题。我们会怎么做呢？

“这是个巨大的工程，非常棘手，美国宇航局也不傻，对此心知肚明，知道……我们要进行几十年的研发工作，”蜜蜂机器人技术公司的联合创始人斯蒂芬·戈文博士解释说，“我们在讨论挖一个洞……只用一点儿电，在几百万英里外的地方……要挖半英里深……而且那里没有太阳能可以用，所以你得把核能带过来。”

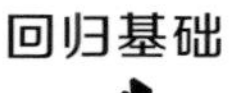

回归基础

咸水下面是不是一定有生命？

科学家们普遍认为，要维持我们所知的生命，生态系统必须具有稳定的热源、液态水和一些关键的化学物质，包括碳和含氮化合物。要是在一个地方找到这三种要素，例如土星的卫星“土卫二”，它就会成为人们寻找外星生命的热点。

“‘土卫二’正是那种……可能有有机体居住的环境。”行星科学家卡罗琳·波尔科博士说，“那里有很多水。水里的盐分告诉我们，这些水接触了岩石，所以，要是有机体得不到赖以生存的阳光，它们还能得到可以维持生命的化学能。而且那里还有有机物质，所以在我看来，这是我们太阳系里最容易找到的宜居地区。”

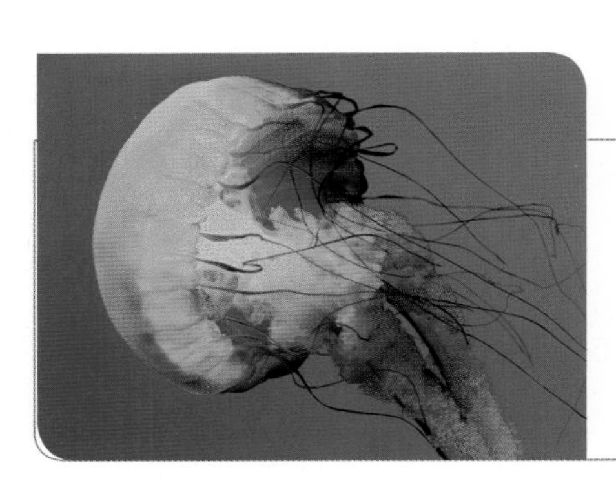

想一想 ▸ “土卫六”上的生命会是什么样？

土星的卫星“土卫六”比水星还要大，它的大气层也比地球的还要厚。不过那里很冷——它的山脉是冰冻水构成的，它的湖泊和河流是液态天然气构成的。按照地球的标准来看，生活在那里，可能还真的挺有异域情调。气体专家比尔·奈指出，也许“土卫六”吸收氢气和乙炔，同时排出甲烷。

“欢迎从宇宙一室女座超星系团一本星系群一银河系一人马座一太阳系一地球一西半球一北美一纽约一曼哈顿回到《星际奇谈》……我们还没有多重宇宙里的具体坐标一我们正在为此努力。”

——尼尔·德格拉斯·泰森博士

第五节

我们离太空有多远？

我们不必走很远——只用在我们自己的太阳系里，走上几亿英里——就可以找到各种引人入胜的物体、结构和材料。也不只有体积大的东西，大到大块的冰、岩石和金属、小型类星体，小到建筑物砖块大小的立方体，都可能被找到。

10 个巨大的天体分摊了太阳系的大部分质量（超过 99.99%）。不过，在太阳系里，小型天体的数量——最近一次计数至少有 10000 个，可能还不到实际数量的百分之一——远远超过了大型行星和卫星的数量。我们有很多新的地方可以考察和探索，对吧？

率先探索这些小型太阳系天体，可能会让我们占尽先机！到“新世界”去的首批旅行者中有很多人都打算在那儿捞上一笔。同样，发现和利用太阳系中的物质，可以带来经济收益。我们现在生活的“旧”世界，会因此产生怎样的变化呢？

为什么开普勒 -37b 是行星，冥王星却不是行星？

好吧，严格地说，开普勒 -37b 是系外行星，冥王星是矮行星——因此，它们两个既像是行星，又不能算是行星。名称又有什么关系呢，对吧？这只是些和行星相似的有趣天体。

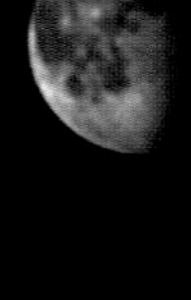

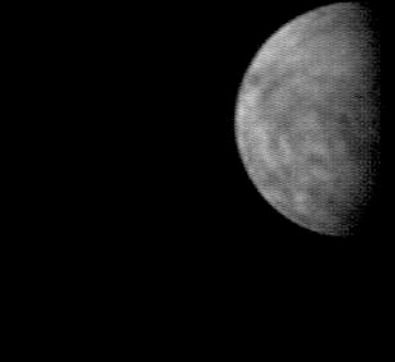

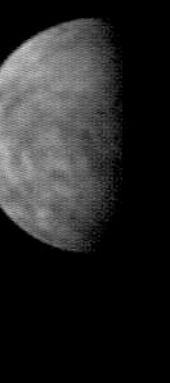

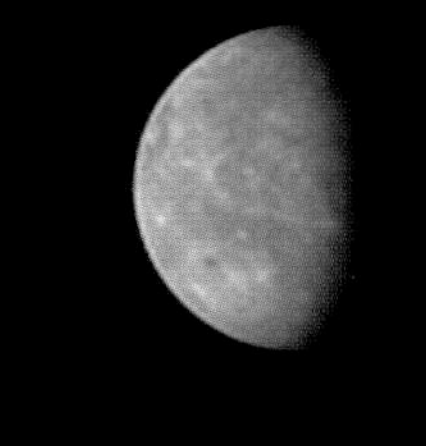

▲ 冥王星

冥王星的半径为 740 英里。2006 年，国际天文学联合会把它降级为矮行星。尽管冥王星绕太阳公转，而且几乎是圆球状，但它并不满足行星的第三大条件；它还没有“扫清所在轨道上的其他天体”。或者，就像尼尔所说的那样：“如果海王星是雪佛兰羚羊，那么冥王星顶多算是火柴

▲ 月球

月球（半径为 1080 英里）距离地球约 238000 英里。除了地球之外，月球是人类到访过的唯一太阳系天体。总共有 12 位宇航员参加了为期三天的登月之旅。

▲ 开普勒 -37b

2013 年，人们发现了系外行星开普勒 -37b。迄今为止，它是人们在主序星周围发现的最小的行星之一。由于国际天文学联合会的定义只适用于我们自己的太阳系，尽管开普勒 -37b 的半径比月球大不了多少，但它仍被当作行星。

▲ 水星

水星是离太阳最近的行星，其大小是地球的三分之一，半径为 1520 英里。它有一个巨大的金属内核，其半径约占水星半径的 80%。在白天，水星的温度可能是地球最高温度的六倍。

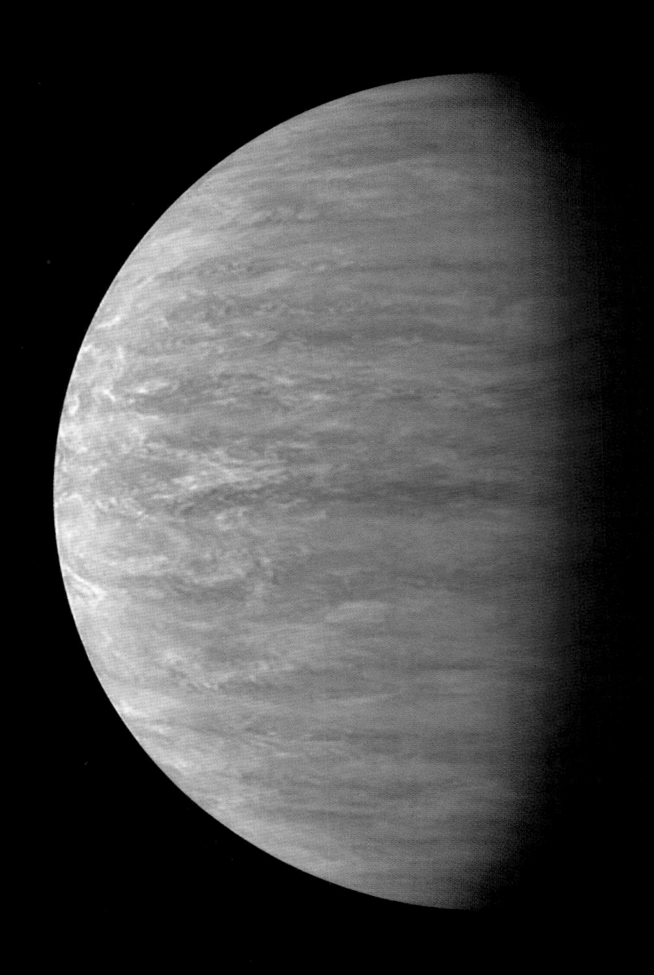

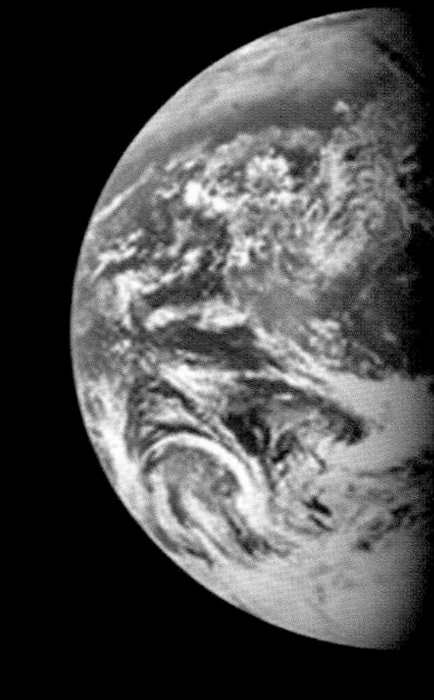

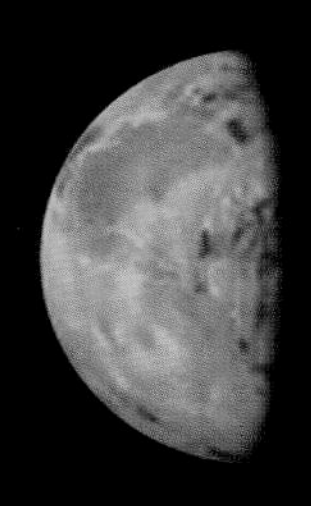

▲ 火星

火星的半径为2110英里，大约是地球半径的二分之一。火星是寒冷的沙漠星球，但与地球一样，它有四季、火山和多变的天气。不过，火星的重力只有地球重力的38%，那里的大气过于稀薄，火星表面的液态水无法长时间存在。

▲ 地球

地球的半径为3960英里。它是我们的家园，据我们所知，它也是我们太阳系中唯一拥有生命的行星。地球距离太阳9300万英里，绕太阳公转。根据科学家的测算，地球的年龄超过45亿年。

▲ 开普勒 -37d

人们利用开普勒太空望远镜发现了开普勒 -37d。在围绕开普勒 -37 恒星运行的三个已知系外行星中，开普勒 -37d 是最大的。它的直径是地球直径的两倍，每40天绕开普勒 -37 恒星一周。

宇宙之问：太阳系之旅

木星是太阳系里的吸尘器吗？

作为太阳系中最大的行星，木星保护着我们。尼尔解释了木星是怎么保护我们的：“在我们知道的所有绕太阳公转的事物里，木星的质量最大。所以，要是你是颗彗星，正从太阳系的某个遥远地方撞向地球，那你就必须从木星旁边经过。

“这是你的轨迹，而地球在你的视线里。这时木星说：‘嗯，我想让你先来撞我。’然后木星可以自顾自地吃掉彗星。

“其他的天体也会过来，试图毫发无损地绕过木星，但它无法达到目的——木星会把它摇来摆去，然后抛回太阳系，它甚至没法挨近太阳。在另一些情况下，它会绕着木星摆动，然后被木星彻底抛出太阳系。

“（木星）是我们的大哥，保护我们免受外太阳系的危害……如果没有木星，你完全可以质疑，地球上的简单生命是否能进化成复杂生命。”

苏梅克－列维9号彗星与木星相撞。

回归基础

土星的E环从哪里来？

在地球上用小型望远镜观测，能看到几个土星环，但进入21世纪以来，我们还发现了另外两个土星环。土星最有趣的卫星之一，恰好沿着其中一个土星环旋转。“‘土卫二’的南极地带有100个间歇泉，它们喷出的物质形成了美丽的蓝色E环……‘土卫二’是颗小卫星，直径还不如英国的横跨距离大，”行星科学家卡罗琳·波尔科博士说，“我们可以肯定，那些间歇泉是从咸水中喷出的，咸水里混合着有机物，并且蕴含着过多的热量。”

开口笑 ▸ 对话太空“浴缸学”家尼尔·德格拉斯·泰森博士

“土星的密度之所以这么低，是因为它里面有太多气体……如果你从土星上随便挖出一块，它就会漂浮在水面上。而且，当我还是个孩子的时候，我想在浴缸里玩橡皮土星，而不是橡皮鸭——因为我知道土星能漂起来。但没人给我做这个橡皮土星。”

彗星从哪里来？

天文学家把彗星分成两大类：短周期彗星，绕太阳公转的周期小于几百年；长周期彗星，绕太阳公转的周期不止几百年。大多数短周期彗星都位于柯伊伯带。这是海王星轨道外的一个甜甜圈形状的区域，以太阳为中心，还包含冥王星、阋神星和其他几个矮行星——其实，它们都是真正的大彗星。

大多数长周期彗星都待在奥尔特云（以荷兰天体物理学家扬·亨德里克·奥尔特的名字命名）里。奥尔特云是包围着太阳系的球形外壳，它可能横跨一万亿英里，包含数万亿颗彗星。

> “直到最近，我们才知道彗星或小行星的结构完整性到底是怎么回事……我们并没有真正了解这些东西凝聚得有多紧密。”
>
> ——尼尔·德格拉斯·泰森博士

极少数的奥尔特云天体曾经进入过内太阳系。

当我们从存在主义的角度来提出问题，思考彗星是怎样诞生的，我们就会面临一个巨大的宇宙之谜。我们知道彗星是由冰和尘埃构成的，不过，这么多微小的物质是怎样聚集在外太空，又是怎样变成这些遥远的、孤立的固体块的？

“彗星和其他一些小行星可能是碎石堆，不过是些聚在一起的岩石罢了，”尼尔告诉我们，“它有很多孔，或者只是一堆碎石聚在了一起，假装自己是固体。”

2007年，麦克诺特彗星划过澳大利亚艾尔半岛南部。

围绕着明亮的织女星的小行星带。

彗星与小行星 对话艾米·美因茨博士

小行星带是怎么形成的？

“小行星和彗星有点像剩下的垃圾，是大约45亿年前太阳系刚形成时的剩余物，”天体物理学家艾米·美因茨博士解释说，“这些小小的空间碎片变成了今天的小行星和彗星。在远离太阳、又冷又黑的地方，形成了冰冷的彗星。而在离太阳更近、温度高到无法结冰的地方，形成了一些更加偏岩质的东西——小行星就是这么来的。”

“小行星带中含有多少质量的物质？

“把所有的小行星碎片放在一起，它们的总质量会达到月球质量的5%。”

——尼尔·德格拉斯·泰森博士，小行星专家

你知道吗

天文学家认为，地球上大部分海洋的形成，可能是因为彗星撞击了地球，并且把水留在了地球表面。

宇宙之问：太阳和其他恒星

恒星能拥有自己的太阳系吗？

仰望夜空，想象我们自己的太阳系内部的多样性。每颗恒星都有自己的行星系吗？尼尔说：“你看到的半数恒星根本不是孤零零的一颗星。它们是双星、三星、四星、多星系统。甚至，距离太阳最近的恒星半人马座，也是多星系统。”

从专业层面上讲，多星系统不是太阳系，但行星可以围绕多星系统运行。换句话说，像卢克·天行者的塔图因这样的行星是可能存在的。行星甚至可以在恒星之间游移，先围绕一颗恒星运行，然后再围绕另一颗运行。“如果它们彼此之间的距离足够远，那么每颗恒星都可以拥有自己的行星系统，”尼尔解释说，“但是如果它们离得太近，那么当行星绕回第一颗恒星时，不一定会受这颗恒星引力的约束。”

“地球上每过12小时，67P彗星自转一次，这个速度是地球自转速度的两倍。要想让‘罗塞塔号’探测器以差不多的速度旋转，是个外太空难题。”

——比尔·奈

你知道吗

“大多数小行星和彗星的平均速度约为每秒20到30公里，或者每小时40000到60000英里。”天体物理学家艾米·美因茨博士说。与此同时，地球以每小时66000英里的速度绕太阳公转。

HD 98800星系由两对联星组成。

“在外太空，当相隔好多千米的尘埃受到吸引，它们真的会飞快地撞到一起。”

—— 比尔·奈谈彗星难以形成的原因

开口笑 ▸ 对话喜剧人查克·尼斯

就像尼尔解释的那样，当两颗恒星离得很近时，其中一颗恒星的引力可能会让绕它俩运行的行星感到困惑。“啊，”查克·尼斯说，“它就是不知道，‘我属于哪颗恒星？我想跟比邻星走，但我情难自已。阿尔法星实在是太迷人了。’”

小行星？矮行星？还是两个都是？

现在，谷神星既是最大的小行星，也是最小的矮行星。在生活中，许多事物都同时属于两个或多个类别，那么，太阳系的天体为什么不能这样呢？不过，这并不是说每个人都得同意这种分类。

▶ 矮行星

如果一个太阳系天体大致是圆形的，并且也主要在绕太阳公转，但它还不是所在轨道上最大的天体，那么国际天文学联合会就可以宣布它为矮行星，例如冥王星。

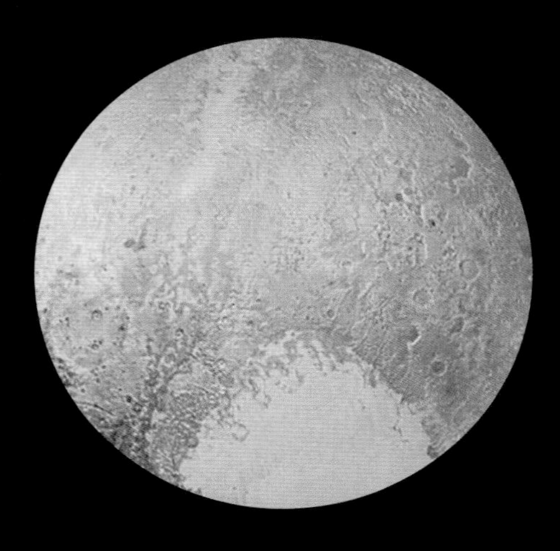

▲ 陨石

如果天体碎块从太空落到地球上，这些碎块就被叫作陨石。超过 90%的陨石以石质为主；只有少数碎块的主要成分是金属。

◀ 谷神星

谷神星是人们发现的第一颗小行星，直径约 590 英里。它也是小行星带中唯一的矮行星，位于火星和木星的轨道之间。

▶ 流星

流星体落入地球大气层时会燃烧，留下轻盈的光迹，这就是“流星”。大多数流星只有一粒沙那么大。

流浪行星

从理论上讲，行星可以通过逆向引力从它原来的太阳系弹出，并在没有恒星的情况下飞越星际空间。不过，天文学家还没见过这种现象。

小行星

英语中小行星（asteroid）的意思是“类似恒星”，但小行星实际上更像行星，只是有点小。它们沿着自己的轨道在太空中运转，即便是很小的小行星，好像也表现出了重要的地质特性。

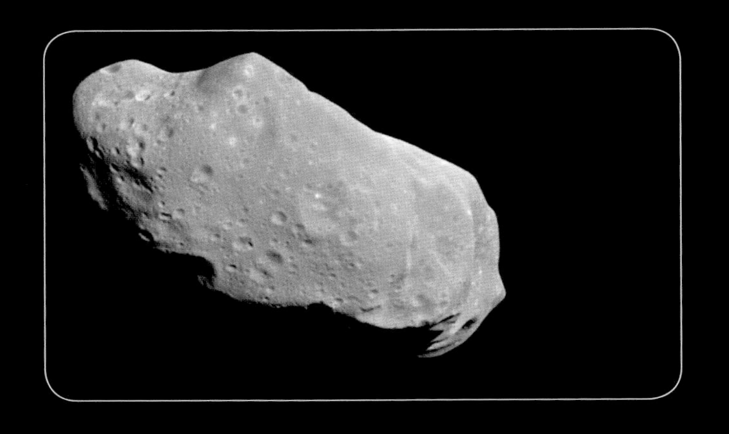

彗星

在靠近太阳时，这些太阳系里的“冰质尘埃球”融化了，任凭太阳风把尘粒和带电离子的尾巴吹成美丽的弧形。

小行星、彗星与流星风暴

我们可以乘坐彗星或小行星去游览星际吗？

如果旅行者真的能跳上小行星，游览银河系，那不是很棒吗？不幸的是，尼尔告诉我们不能这样做的原因：“这样做是行不通的，因为你必须追上小行星，才能跳上去，要是你做得到，其实你已经移动得够快了。”

或者，就像喜剧人查克·尼斯所说的那样：“这就像开着法拉利去搭公交车。”

就是这样子！“如果你有法拉利，你就不需要公交车，”尼尔说，“现在，如果你有办法让小行星停止或移动，不管你是从哪儿获得这种能量的，只要你有办法，你就不需要小行星。你已经有自己的宇宙飞船了。”

乘坐小行星并没有那么糟：你会有足够的空间来建造舒适的房屋，开采宝贵的矿产，甚至可以在那里种粮食。但是，你必须先踏上小行星——然后它还得摆脱太阳的引力，才能带你去群星中旅行。

“这听起来像是个很酷的点子，因为小行星无处不在。但是从物理学的角度来看，这个点子并不可行。”

——尼尔·德格拉斯·泰森博士

宇宙之问：彗星与小行星

有没有表现得像彗星的小行星？

有些小行星表现得就像彗星一样，而有些彗星表现得像小行星一样。有些天体物理学家，比如艾米·美因茨博士，会整晚讨论如何准确地对这些天体进行分类："这有点像连续统一体……我们曾经认为它们是两种截然不同的东西，现在我们知道在它们之间有一个模糊地带……从根本上来说，小行星和彗星之间的界限有时并不是那么分明。"有些天体表现得很暧昧，既有小行星的特点，又有彗星的特点。在这些天体中，最有名的要数半人马座星体。"半人马"是神话中半人半马的生物，这个名字对半人马座星体来说非常恰当。这些星体主要在小行星主带和柯伊伯带之间活动，它们似乎是冰、岩石和金属的混合物。最大的半人马座星体直径超过 100 英里——比大多数彗星要大得多。半人马座星体并不罕见；已经有 300 多个半人马座星体被登记在册，行星科学家推测，至少有 40000 个半人马座星体。

"为了这个问题，天文学家们会争论几十年……正常情况下，天文学家们总是平心静气，可一旦涉及这些东西，他们就像换了个人。"

——艾米·美因茨博士，天体物理学家

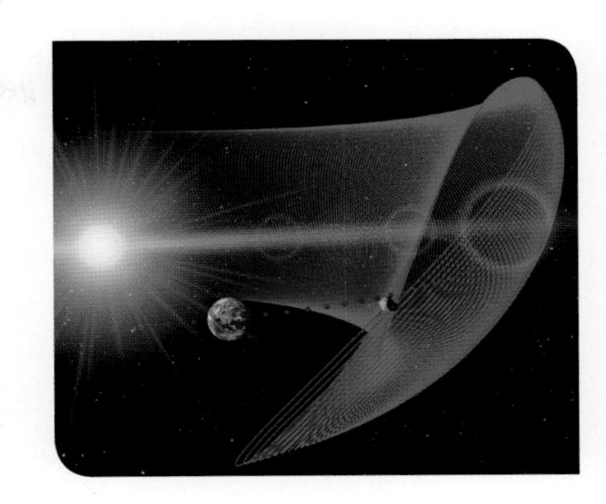

导览

谁是最酷的小行星？

2011 年，人们通过广域红外线巡天探测卫星发现了小行星 2010 TK7。按天体物理学家艾米·美因茨博士的说法："它被称为人类已知的地球首颗特洛伊小行星。这颗小行星以一种特殊的方式和地球捆绑在了一起。其实，它是因为和地球的引力共振被困住了，这听起来确实很酷，并且这意味着地球在绕太阳公转时一直追随它左右。它被困在那儿，最终它会夺路而逃。"

你知道吗

每隔大约 2000 年，就有一个足球场大小的流星体撞击地球，并造成重大破坏。

想一想 ▶ 为什么 ISON 彗星已死？

"（彗星）随心所欲……它们就像十几岁的孩子或是猫……我们最近才观测到有'世纪彗星'之称的 ISON 彗星。它不仅停止了活动，而且可能已经不复存在……我们真的希望它能回来，为我们表演精彩的烟花秀，但我们什么也没看到。它就像猫一样。"

——艾米·美因茨博士，天体物理学家

我发现了！小行星采矿

有朝一日，小行星能成为燃料补给站吗？

远程太空旅行最大的障碍之一是，每次发射升空都必须把燃料带上太空。事实证明，某些小行星正好具备制造火箭燃料所需的原材料——所以，我们能把它们变成燃料补给站吗？太空企业家彼得·戴曼迪斯确实这么认为："对于大型碳质球粒陨石小行星来说，水的重量占整个行星重量的20%。你可以提取水，可以提取甲烷，还可以利用阳光把水分解为氢和氧——顺便说一下，这些正是火箭燃料。自实施航天飞机计划以来，从地球发射的所有航天飞机用到的氢和氧，还不如一颗直径50到100米的小行星上的氢和氧多。因此，你可以设想一下：从小行星提取氢气和氧气，并把它们留在太空中，为日后的登月和火星任务补给燃料。"

导览

我们能通过开采小行星来资助太空探索吗？

这笔账很清楚。一个小行星经过充分开采后，价值数十亿美元。尼尔说："一般情况下，PGM（铂族金属）小行星可能含有3000万吨的镍，150万吨的钴，7500吨的铂，按现在的价钱，这些铂的价值为1500亿美元。"不过，你是不是得花同样多的钱（甚至更多的钱）来开采那颗小行星？有没有足够的投资者愿意耐心等待，一直等到这种高风险的长期投资获得回报？这将取决于太空技术和采矿技术在未来的发展，以及一些有胆识的企业家的愿景和销售技巧。

查克·尼斯：

所以，流星雨其实是彗星的坟墓吗？啊，太可怕了。

尼尔：

是的，这是太阳"霍霍"完以后丢下的垃圾。

我发现了！小行星采矿

我能购买、拥有小行星吗？

有关非地球财产所有权的国际法尚未成熟。截至2015年，人们已经达成了一项协定——《关于各国在月球和其他天体上活动的协定》（《月球协定》），但大多数航天国家，包括美国，尚未批准采用该协定。与此同时，2015年11月25日，美国前总统巴拉克·奥巴马签署了《美国商业太空发射竞争法案》，根据该法案，美国公民可以拥有他们获取的任何小行星资源。

人们专门设计了能评估近地小行星商业价值的太空望远镜。至少有一家美国公司——行星资源开发公司，计划发射这种望远镜。如果他们的研究表明，开采小行星有利可图，那么他们很可能会用火箭追赶并捕获小行星，宣告对其的所有权，并开始开采。

“不占有地球，这个我可以同意。但是在太空中占有一块10米长的岩石呢？我的意思是，怎样划清这其中的界限？”

——彼得·迪亚曼迪斯博士，行星资源开发公司联合创始人

“要是没有所有权，就没有人会动手开采那些物质，这样一来，最后吃亏的是全人类。”

——彼得·迪亚曼迪斯博士，行星资源开发公司联合创始人

对勘探者来说，小行星特别有吸引力。

你知道吗

金属小行星通常富含钯、铂、铑和其他贵重元素。在电池、电子产品和医疗技术领域，这些元素有非常重要的用途。

想一想 ▶ 为什么有些小行星富含金属？

假设在大型小行星A上，因为重力作用，较稠密的金属沉入中心，形成富含金属的核。“然后，另一个天体B把它撞成了碎片，而这些碎片现在又成了新的小行星，”天文学家尼尔·德格拉斯·泰森博士解释说，“所以，现在有由B的地壳和地幔构成的岩质小行星，有内核藏有A的稀有原子的金属小行星。地质学家称之为分异。”

我发现了！小行星采矿

如果真的能开采小行星，我的银行账户会发生什么变化？

当我们能获得大量稀缺物品时，供求规律就开始影响它们的价值。例如，如果铂供过于求，那么它的价值和成本就会下跌。“以前在制造某些东西时，人们不需要铂，或者是没想过也不敢想去使用铂，但现在铂的价格降了，人们对它的需求也变大了，”太空经济学家尼尔·德格拉斯·泰森博士解释说，“所以，是的，每磅铂的价格变低了，但它不再是一种有限资源。它从根本上来说是无限的。”

“科技是一股缺乏自由的力量，从古至今，从来如此。”

——彼得·迪亚曼迪斯博士，行星资源开发公司联合创始人

几个世纪以前，西班牙人从他们征服的美洲大陆带走了大量黄金和白银，数额之巨人们此前闻所未闻。这些贵金属变得如此丰富，以至于它们的价值暴跌，导致西班牙大量财富蒸发。如今，尽管人们仍然把这些金属当作货币的替代物使用，但世界上约有15%的黄金和一半以上的白银用于工业，而不是珠宝或投资。你的手机里可能有白银，牙齿里可能有黄金！

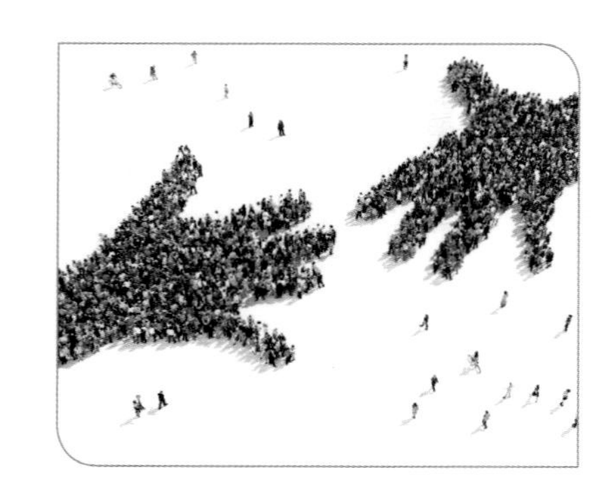

回归基础

我们就不能和平共处吗？

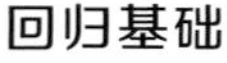

行星资源开发公司联合创始人彼得·迪亚曼迪斯博士认为，所有战争都有一个共同点：“我们为地球上的一切而战——金属、矿物、能源，房地产。这些东西在太空中几乎是无穷无尽的。人们把地球看作是一个非常封闭的系统，但是在堆满了资源的宇宙超市里，地球只是小小的一块，如果我们能得到这些资源，那么所有人都会兴高采烈。”

在许多敢于放眼未来的人中间，都弥漫着这种乐观情绪——只要这一进步的好处都能一一分给想要、需要它们的人。就像本杰明·西斯科在《星际迷航：深空九号》中所说的那样：“你从星际舰队总部的窗户往外看，你会看到天堂。好吧，在天堂里成为圣人很容易。”

想一想 ▸ 地球价值几何？

“地球上有石油，有煤炭，有矿产，包括钻石。然后是元素周期表里对我们的工业有价值的元素……如果我必须说一个数字，我会说一千万美元……资源的价值不仅取决于需求，还取决于供应，以及获取这些资源的成本——不管这些资源要从哪儿获取。”

——尼尔·德格拉斯·泰森博士，太空“供需问题”专家